U0223974

小家装修早知道

实用设计 ▶ 视频篇

王国春 孙琪 黄肖 主编

土巴兔集团股份有限公司 土巴兔家居生态研究院 组织编写

化学工业出版社

·北京·

内容简介

本书以轻松活泼的成文形式，讲解了实用的装修设计方法。本书共分为七章，分别介绍了装修前的准备，以及六大住宅空间的设计方法。内容上主要分析了空间布局、家具选择、灯光搭配、软装布置。另外，还特别加入了关于收纳的小知识，帮助业主解决家居混乱的问题。

本书可供有装修需求以及未来有装修可能的读者参考，也可供对装修感兴趣的读者阅读参考。

随书附赠资源，请访问 https://cip.com.cn/Service/Download 下载。在如右图所示位置，输入"41370"点击"搜索资源"即可进入下载页面。

资源下载　381 资源

41370

图书在版编目（CIP）数据

小家装修早知道. 实用设计视频篇 ／ 王国春，孙琪，黄肖主编；土巴兔集团股份有限公司，土巴兔家居生态研究院组织编写. — 北京：化学工业出版社，2022.8
ISBN 978-7-122-41370-3

Ⅰ.①小⋯　Ⅱ.①王⋯　②孙⋯　③黄⋯　④土⋯　⑤土⋯
Ⅲ.①住宅－室内装修－建筑设计　Ⅳ.①TU767

中国版本图书馆CIP数据核字（2022）第077058号

责任编辑：王　斌　吕梦瑶　　　　　　　　文字编辑：蒋丽婷
责任校对：赵懿桐　　　　　　　　　　　　装帧设计：韩　飞

出版发行：化学工业出版社（北京市东城区青年湖南街13号　邮政编码100011）
印　　装：中煤（北京）印务有限公司
710mm×1000mm　1/16　印张11½　字数185千字　2022年8月北京第1版第1次印刷

购书咨询：010-64518888　　　　　　　　售后服务：010-64518899
网　　址：http://www.cip.com.cn
凡购买本书，如有缺损质量问题，本社销售中心负责调换。

定　　价：68.00元

编写人员名单

主　编

王国春　孙　琪　黄　肖

副主编

徐建华　周文杰　李旭青　高国彬

杨晓林　任健康　徐桂蓉

参　编

廖　浪　华　敏　安　森　赵恒芳

刘雅琪　杨　柳　党莹莹　李　幽

目录
CONTENTS

第一章
装修预热准备

第二章
客厅实用设计

拓展 · 收纳扩容

小家还能变大？这些设计让你家看起来大 20m²

装修中这几个细节，后悔没早知道

装修前要做哪些准备工作

第一章

装修预热准备

装修的准备不单单是把资金准备好或是把装修公司找好就可以了，如果想让装修后的效果能符合自己的预期，那就要在方方面面都考虑周全。

户型挑选：

挑到好户型只需这 4 步

　　好户型的房子即使再小，也能带给我们舒心的居住体验。所以选择好的户型非常重要，不论是小户型还是大户型，方正、动线流畅的户型才是最适合居住的。

　　"辛辛苦苦存钱，稀里糊涂买房"，这是很多小伙伴的真实写照。房子虽然是生活必需品，但这一"大件儿"买起来还真不是一件容易的事。尤其是要选到符合心意的好房子，那更是难上加难。究竟什么样的房子居住起来会舒适？设计出来会漂亮？这些问题常常困扰着买房一族。

　　而事实上，在很大程度上来说：

好房子 = 好户型

只要选对户型，那么你离"好家宅"的距离就缩短了一半。

		好户型	差户型
户型	→	方正，开间进深合理	拐角多、过道长
动静分区	→	活动区与休息区分区合理	两个区域之间有干扰
动线	→	顺畅、无交叉	混乱，造成日常生活不便
通透性	→	采光足、通风好	有遮挡、采光差
室内墙体	→	少，墙面面积大	多，墙面面积小

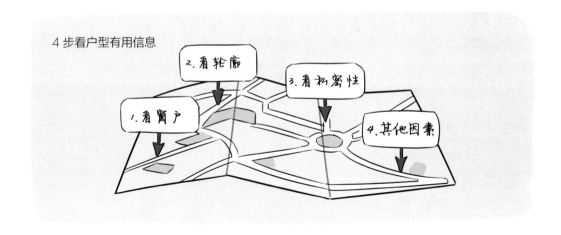

4步看户型有用信息

2.看轮廓

3.看私密性

1.看窗户

4.其他因素

（1）第1步：看窗户

重点： 窗户的朝向直接决定了采光和通风，也决定了居住的舒适性。

朝向分析： 窗户朝向正南的不一定最好，偏东、偏西均可；东南方向最佳，好的窗户朝向会令房间不闷不燥。

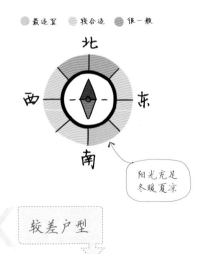

最适宜　较合适　很一般

北

西　东

南

阳光充足冬暖夏凉

优质户型　✓　✗　较差户型

分析：窗户朝向为西面、南面，通透性较好。

合理性：★★★

分析：窗户开在北侧最差，只有北风入户，且光照被挡。

合理性：★

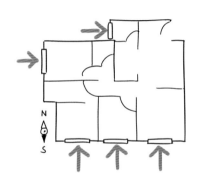

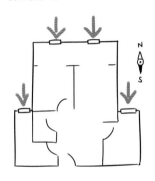

（2）第2步：看整体轮廓

重点：实际可利用空间多不多，关键看整体轮廓是否合理。

方正型户型

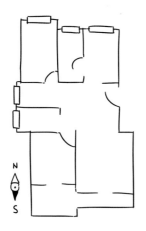

刀把型户型

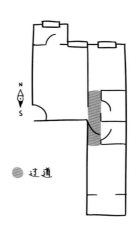

分析：户型方正，有利于采光、通风，空间利用率高。

合理性：★★★★

分析：过道长，浪费面积。

合理性：★★

手枪型户型

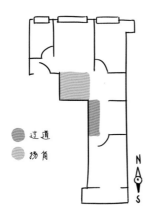

锯齿型户型

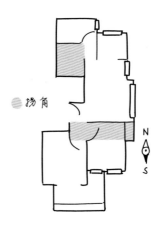

分析：过道长，拐角是采光死角。

合理性：★★

分析：拐角多，易磕碰；装修难度大，空间利用率低。

合理性：★

（3）第3步：看动区和静区分布

　　家居空间可以分为两个区域：动区和静区。动区人员活动频繁，包括客厅、餐厅、厨房等；静区主要提供休息空间，要求私密性，包括卧室、书房、卫生间等。

首先看动区活动路线是否合理

分析：动区和静区的走动路径几乎没有交叉，两者各得其所。但从次卧去卫生间会经过公共空间，稍有欠缺。

合理性：★★★★

分析：动静区域交叉明显，从主卧和次卧到卫生间都经过公共区域，容易受到干扰。

合理性：★

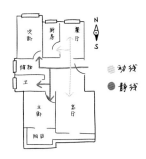

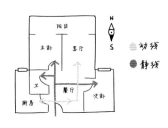

再看静区是否满足私密性

分析：从方位上看，两个卧室的私密性都比较好，从客厅、厨房等活动区域不能直接看到卧室里面。

合理性：★★★★

分析：两个卧室正对餐厅，没有私密性；卫生间正对餐厅，如厕不便。

合理性：★

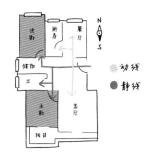

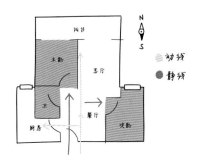

（4）第4步：考虑其他细节

① 看户型实际尺寸

户型图上的家具尺寸一般都会比实际小，造成视觉上"空间很大"的假象。

看清户型的实际尺寸，才能避免家具无法入户的窘境发生。

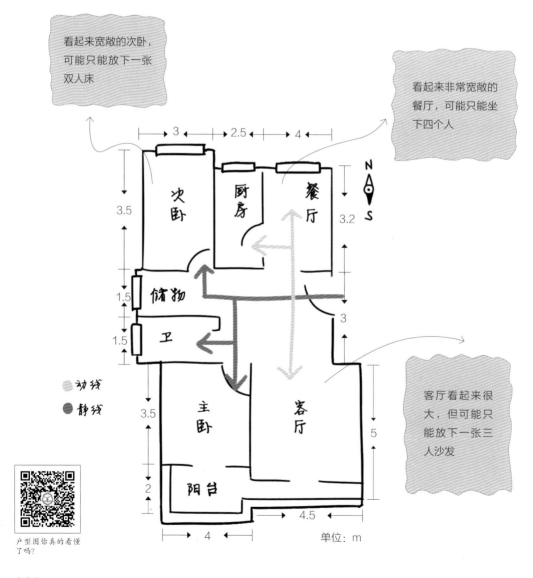

看起来宽敞的次卧，可能只能放下一张双人床

看起来非常宽敞的餐厅，可能只能坐下四个人

客厅看起来很大，但可能只能放下一张三人沙发

户型图你真的看懂了吗?

② **看墙体性质**

墙体是否能拆改，决定了后期家装的改造力度和灵活性。

一般来说，外立面和承重墙都是不可动的，其关系到房屋的防震性和稳定性。非承重墙可以根据需要拆改，进行空间的划分。

房屋拆改要注意，这6个地方不能随意改动

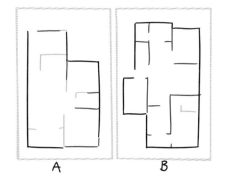

● 外立面（不可动）
● 承重墙（不可动）
○ 非承重墙（可动）

分析

　　A户型：室内大多为非承重墙，改动灵活性强，户型较好。

　　B户型：室内几乎都是承重墙，空间基本固定，不能拆改。室内墙体多，很多空间使用不便。

③ **看平面楼层图**

除了室内，室外环境也影响着居住者的舒适度。

窗户外侧：是否是走道或天井，如果是，会影响室内安宁度。

室外公摊：包括电梯和走道面积是多少，要算清楚。

电梯/楼梯位置：是否离门口很近，如果是，会有人频繁走动，产生噪声。

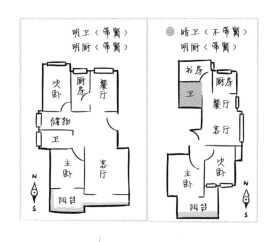

明卫（带窗）
明厨（带窗）

○ 暗卫（不带窗）
明厨（带窗）

装修后多久可以入住

风格确定：

让小家越看越大的 8 种风格

如何选择适合自己的
装修风格

　　装修前我们要先想好想要的风格，这样才能进行设计和购买材料。但是并不是所有风格都适合空间较小的户型。如果风格选择不当，很有可能让小家看起来更加拥挤。对于面积并不充裕的房屋，我们可以选择以下 8 种风格，它们基本上不会让空间变得拥挤，而且非常好看。

1. 注重后期软装的简约风格

　　简约风格家居预算的重点在于后期的软装部分，同时注重质量而不注重数量，在计划预算时可以放宽重点空间中重点部位的费用，而精简其他部分的费用。由于墙面很少采用造型，因此装修整体造价通常为 12 万 ~ 18 万元。

关键词

极简、干净、品质高、线条简单、装饰少

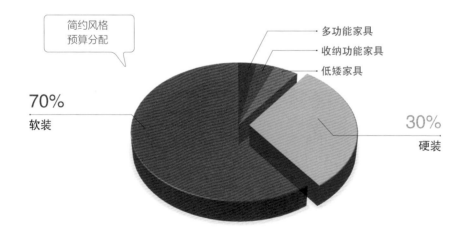

简约风格
预算分配

多功能家具
收纳功能家具
低矮家具

70%
软装

30%
硬装

✐ **小测试**　　喜欢直发？

喜欢所有的东西都是方方正正、规规矩矩的？

不喜欢有太多的东西摆放在面上？

如果没有必要，不喜欢佩戴任何饰品？

喜欢素色的衣服？

● 黑色、白色、灰色大理石

纹理不宜选择太复杂的款式，通常被用在客厅中装饰主题墙，可以搭配不锈钢边条或黑镜。

预算估价：150~320 元 /m²。

纯色光滑面涂料或乳胶漆

各种色彩的光滑面涂料或乳胶漆是简约风格中常用的材料，没有任何纹理的表面能够塑造出宽敞的基调，色彩可根据喜好和居室面积来选择。

预算估价：25~55 元 /L。

◙ 釉面砖

釉面砖防渗，可无缝拼接，基本不会发生断裂现象，与简约风格追求实用的理念不谋而合。

预算估价：220~350 元 /m²。

● 几何形简洁几类

几类家具并不仅限于方正的直线造型，也可以选择圆形、椭圆形、圆弧转角的三角形等形状，但整体造型要求简洁、大气。

预算估价：350~2000 元 / 件。

多功能家具

选择简约设计的家居，往往是中小户型，户型面积有限。因此选择家具时，最好为多功能，一物两用，甚至多用。

预算估价：2200~4200 元 / 套。

● 黑白装饰画

黑白装饰画虽然简单，却非常适用于简约风格的家居。选购时尽量选择单幅作品，一组之中不要超过三幅。

预算估价：400~1200 元 / 组。

2. 反对多余装饰的现代风格

现代风格最主要的特点是造型精炼，讲求以功能为核心，反对多余装饰。在硬装方面，顶面和墙面会适当使用一些线条感强烈但并不复杂的造型，软装讲求恰到好处，不以数量取胜，装修整体造价通常为 15 万 ~ 32 万元。

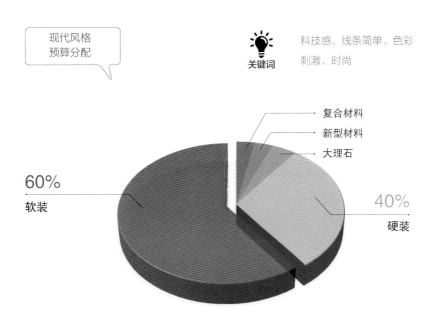

现代风格
预算分配

关键词　科技感、线条简单、色彩刺激、时尚

复合材料
新型材料
大理石

60%
软装

40%
硬装

小测试　喜欢高科技产品？
对闪烁着高档光芒的金属制品爱不释手？
喜欢刺激的色彩对比？
流线型的金属色跑车总能引起你的注意？

● 大理石

现代风格家居中无色系和棕色系的大理石使用频率很高，用在背景墙或整体墙面上时多做抛光处理，再搭配不锈钢包边或嵌条，营造时尚感。除此之外，地面、各处台面等位置也经常使用。

预算估价：120~380 元 /m²。

棕色或黑色、灰色的木纹饰面板

棕色或黑色、灰色的木纹饰面板更符合现代风格的特征，它们会结合现代的制作工艺，用在背景墙部分，造型不会过于复杂，大气而简洁，常会搭配不锈钢组合造型。

预算估价：85~248 元 / 张。

● 仿石材纹理地砖

仿石材纹理的地砖具有类似石材般的效果，但纹理和色彩更丰富，价格更优，也比较好打理，所以经常铺设在地面上，用以丰富居室中的层次感。

预算估价：120~350 元 /m²。

● 少花纹、纯色或条纹图案布艺

为了衬托出居室内具有现代风格特点的大件家具并避免混乱感，常使用少花纹、纯色或条纹图案的布艺。其面积越大色彩越素净，纹理越低调，例如窗帘、地毯；而小面积布艺的色彩范围选择会略大一些，偶尔会加一点亮片或长毛材质，例如靠枕。
预算估价：200~1100 元 / 件。

造型灯具

选择造型感强的灯具作为装饰，能大大地提升房间的现代感。
预算估价：300~2200 元 / 盏。

● 线条简练的板式家具

板式家具简洁明快，布置灵活，现代风格追求造型简洁的特性使板式家具成为此风格的最佳代表，其中以装饰柜最为常见。
预算估价：400~5000 元 / 件。

3. 几乎不做造型的北欧风格

北欧风格家居中的顶面、墙面、地面三个面，完全不用纹样和图案装饰，只用线条、色块来区分点缀，也就是说完全不做任何造型，只涂色，而后完全靠后期的软装来进行装饰，且软装数量不主张过多，是非常节省预算的一种风格，装修整体造价通常为 13 万 ~ 20 万元。

关键词

清新、纯粹、慢节奏、亲切

北欧风格
预算分配

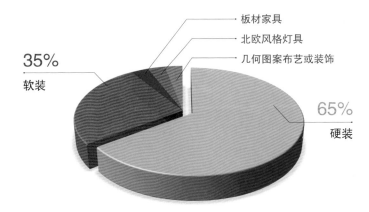

板材家具

北欧风格灯具

几何图案布艺或装饰

35%

软装

65%

硬装

✍ **小测试**　相比浓重的色彩，更喜欢淡淡的颜色？
舒缓的轻音乐能够让你放松下来？
天冷的时候喜欢窝在软软的沙发里？
对于过往回忆喜欢用照片保留下来？
清爽干净的服饰会更加吸引你？

北欧风格实拍，推荐一组温暖配色

小家装与木地板更配

◎ 白色砖墙

墙面使用清水砖而后涂刷白色涂料制作成的白色砖墙经常被用作电视墙或沙发墙，它具有自然的凹凸质感和颗粒状的漆面，可以表现出北欧风格原始、自然且纯净的内涵，同时还能够为材料限制较大、质感比较单一的墙面增加一些层次感，尤其是以黑色、白色、灰色为主的墙面，可以极大限度地避免单调感的产生。预算估价：150~180 元 /m²。

木地板

木材料是北欧风格的灵魂，由于该风格地面面积较大，所以常使用各种木地板做装饰，如强化木地板、复合木地板甚至是实木地板等。预算估价：150~420 元 /m²。

◎ 板式原木家具

板式原木家具柔和的色彩、细密的天然纹理，将自然气息融入家居空间，展示舒适、清新的原始美。预算估价：1800~2600 元 / 单件。

● 北欧风格座椅

北欧风格家具中款式最多的就是各种座椅，如伊姆斯椅、天鹅椅、鸸鹋椅、蛋椅、红蓝椅、幽灵椅和贝壳椅等。其不仅追求造型的美感，同时在曲线设计上还讲求与人体的结合，这些座椅就代表着北欧风格。材质除了传统的布料和木腿外，底座部分还会加入玻璃纤维等新型材料。

预算估价：220~3100 元 / 张。

白底装饰画

北欧风格装饰画的画框造型简洁，宽度较窄，色彩多为黑色、白色或浅色原木。画面底色以白底最为常见；图案多为大叶片的植物、麋鹿等北欧动物或几何形状的色块、英文字母等，色彩以黑色、白色、灰色及各种低彩度的彩色较为常用。

预算估价：220~500 元 / 组。

● 自然材质的简洁织物

织物材料以自然的棉麻为主，不使用点缀和装饰；除了窗帘、靠枕、地毯等，还常使用壁挂来装饰墙面。色彩多简单素雅，例如灰色、白色、果绿、灰蓝、茱萸粉等；图案以纯色、动物图案和带有几何图形的纹理最常见，例如拼色三角形、火烈鸟图案等。

预算估价：120~320 元 / 组。

4. 追求自由裸露的工业风格

工业风格实际上就是将工业中的元素运用到家居装饰之中，比如钢筋水泥、裸露的屋顶等，色彩上通常是以黑色、白色、灰色为主色调，装饰上多使用皮质、老旧的元素，表现的是追求自由、奔放和个性化的意境，装修整体造价通常为 16 万～28 万元。

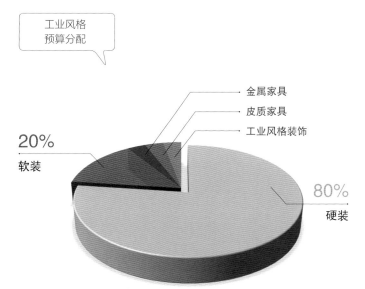

工业风格
预算分配

金属家具
皮质家具
工业风格装饰

20%
软装

80%
硬装

小测试 　喜欢毫不遮掩自己的情绪和想法？
对于黑色、白色、灰色的组合并不排斥？
喜欢自己独处大于与人相处？
复古的老旧物件总能吸引你的注意？

关键词

冷酷、裸露、怀旧
物件、金属质感

● 红砖墙面

墙体是工业风格家居的重要装饰部分，其设计是十分独特的，直接以裸露的红色砖块构成墙壁，或者裸露大部分砖块而小部分抹上水泥，除此之外还能在砖面进行粉刷，不管是涂上黑色、白色或是灰色，都能带给室内一种老旧却又时尚的视觉效果，十分适合工业风格的粗犷氛围。

预算估价：90~180 元 / m²。

水泥墙面

如果砖墙制作过于麻烦，还可以用水泥简单地涂抹墙面和顶面，无论底层是什么材料都可以实施，表面无须处理得特别光滑和平整，追求的是原始的效果，比起砖墙的复古感，水泥墙更有一分沉静与现代感。

预算估价：15~20 元 / m²。

● 仿旧木地板

除了水泥地面，仿水泥质感或带有做旧纹理效果的木地板也很适合工业风格家居，地板上还可以带有一些涂鸦，通常来说，复合木地板款式较多也更好打理。

预算估价：60~155 元 / m²。

● 裸露灯泡的灯具

金属骨架、双关节灯具、样式多变的钨丝灯泡和用布料编织的电线，都是工业风格家居中非常重要的元素，装上这样的灯具能改变整个家居空间的氛围。

预算估价：120~1500 元 / 盏。

金属水管造型装饰

工业风格的装饰大都以金属元素为主，有单独金属、金属和做旧木板以及金属和皮质材料三种类型。金属部分多为黑色铁管或组合的款式，造型中会使用一些铁质三通、直通等管件来连接。

预算估价：50~1000 元 / 单件。

● 金属摆件

独特造型的金属摆件，具有鲜明的装饰特性，可以让人充分感受到工业风格的冷峻、时尚氛围。

预算估价：20~800 元 / 单件。

5. 新旧结合的新中式风格

新中式风格不是完全意义上的复古，而是通过一些中式特征，表达对清雅含蓄、端庄丰华的东方式精神境界的追求。在装饰材料的选择上，木料仍占据较大比例，但并不仅限于木料，玻璃、天然类的石材、一些新型的金属等也常运用在其中，装修整体造价通常为 20 万 ~ 45 万元。

关键词

轻古典感、金属与实木结合、中国风装饰

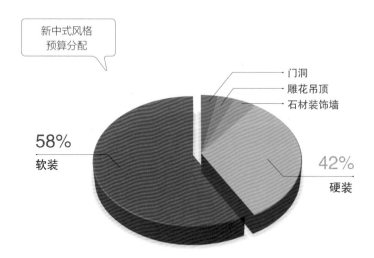

新中式风格
预算分配

门洞
雕花吊顶
石材装饰墙

58%
软装

42%
硬装

 小测试　喜欢淡雅的色彩？

对荷花、祥云之类的图案颇感兴趣？

喜欢有中国风元素点缀的抱枕？

享受实木家具温和的质感，但也喜欢金属家具的造型？

新中式装修，美到骨子里的中国风

● 石材

新中式家居中的石材没有选择限制，各种花色均可以使用，浅色温馨大气一些，深色则古典韵味浓郁。石材常被用于背景墙、地面、台面之中。

预算估价：350~720 元/m。

线条简练的中式家具

新中式风格中庄重繁复的明清家具使用率减少，取而代之的是线条简单的中式家具，迎合了新中式风格内敛且质朴的设计理念。

预算估价：3500~12000 元/组。

● 金属框架中式符号吊灯

新中式风格的吊灯仍然带有传统的文化符号，但不像中式灯具那样具象，雕花等复杂的元素大大减少，整体更简洁、时尚。不再仅限于实木结构，而是更多地使用现代材料，如各种金属。

预算估价：600~2200 元/盏。

● 传统元素织物

新中式风格的织物以棉麻和丝绸为主,色彩多为清雅的米色、杏色或富丽的宫廷蓝色等。图案较简洁,通过刺绣或印制的方式呈现,较多地使用简化的回纹以及山水花鸟等。

预算估价:180~360 元 / 组。

木框架组合材质沙发

新中式风格的沙发可以分为两类,一类是实木沙发,与传统实木沙发的区别是新中式风格的实木沙发基本上不使用雕花造型,整体造型比较简洁,多为直线条,有些还会涂刷彩色油漆。另一类是复合材质的沙发,框架部分常使用木料或木料搭配藤等,靠背和扶手材料较丰富,除了实木还有纯色布艺、中式印花布艺、中式丝绸刺绣、中式印花丝绸等。

预算估价:5800~12000 元 / 组。

6. 轻奢代表的简欧风格

关键词

高雅、和谐、
精致感、情调

简欧风格就是用现代简约的手法，通过现代的材料及工艺重新演绎、营造欧式传承的浪漫、休闲、华丽、大气的氛围。墙面和家具的造型一方面保留了古典欧式材质、色彩的大致风格，仍然可以很强烈地感受到传统的历史痕迹与浑厚的文化底蕴，同时又摒弃了过于复杂的肌理和装饰。预算的金额要低于古典欧式风格，装修整体造价通常为 22 万～52 万元。

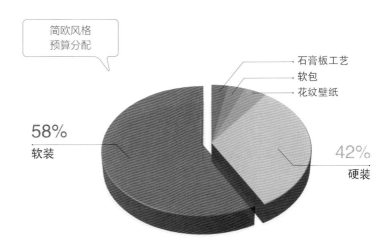

简欧风格
预算分配

石膏板工艺
软包
花纹壁纸

58%
软装

42%
硬装

如何打造真正的轻奢风格

 小测试　精致有趣的东西常常吸引住你？
喜欢用精致餐盘享受甜品与红茶？
喜欢那些对称摆放的小饰品，会感觉很有秩序美感？
喜欢西方文化中贵族阶级的生活与故事？

● 线条造型

简欧风格家居中为了在细节上表现欧式造型特征，通常把石膏线或木线用在重点墙面上，做具有欧式特点的造型。
预算估价：15~35 元 /m。

简化的壁炉

壁炉是欧式设计的精华所在，所以在简欧风格居室中也是很常见的硬装造型。与古典欧式风格壁炉的区别是，它的造型更简洁一些，整体具有欧式特点但不再使用繁复的雕花。
预算估价：800~3200 元 / 个。

● 成对出现的灯具

简欧风格室内布局多采用对称手法来达到平衡、比例和谐的效果。在灯具的选用上也遵循了这一特色，这样的设计可以使室内环境看起来整洁而有序。
预算估价：350 ~1500 元 / 组。

线条具有西式特征的沙发

简欧风格的沙发体积被缩小，同时雕花、鎏金等华丽的设计大量减少，只出现在扶手或腿部，或完全不使用。除了丝绒和皮料，还加入了不少布艺的款式。整体造型更大气，仍然使用弧度，但更多地融入了直线元素。

预算估价：3100~8800 元 / 张。

少雕花兽腿几类

几类有两大类，一类仍会带有一些雕花和描金设计，但并不复杂，材质以实木搭配石材为主；另一类是比较简洁的款式，除了实木还会加入金属或玻璃材料。

预算估价：800~1900 元 / 张。

大理石地面

根据户型的特点来选择简欧风格居室的地面材料，如果是复式或别墅，一层可以整体铺贴大理石，加入一些拼花设计，来彰显大气感；如果是平层结构，可以在公共区铺设大理石，面积小的情况下，可以仅做小块面的拼花。

预算估价：120~380 元 /m^2。

7. 更加清新的现代美式风格

现代美式风格在延续了美式乡村风格的一些特点的同时加入了一些变化，例如仍较多地使用木质材料，但不再是厚重的实木，更多使用的是复合板搭配白色喷漆的做法。居室的整体色彩搭配更清新，减少了大地色系的使用，加入了白色、蓝色、米色等色彩，无论是建材还是家具，花费的资金都会减少很多，装修整体造价通常为 18 万~35 万元。

关键词

自由不羁、融合、
简单、富有质感

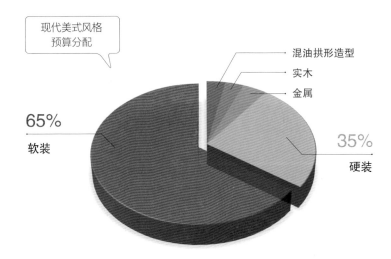

现代美式风格
预算分配

65%
软装

混油拱形造型
实木
金属

35%
硬装

 小测试　喜欢融合了各种美式民族元素的小挂件？
喜欢宽大、放松的服饰？
对于简单但有自己态度的东西特别着迷？
相比在高档餐厅共进晚餐，更喜欢躺在车顶数星星？

用对美式元素，你也
可以生活在美剧里

直线造型实木几

常用的几类仍然是实木的款式，但外形更简洁，多以直线为主。另外，除了棕色等实木本色外还增加了白色以及白色和木色拼色的款式。

预算估价：1100~2800 元 / 张。

带有大花大叶图案的家具

布艺家具常出现在现代美式风格中，如果带上大花大叶的图案，就非常有民族感，并且也能加强复古的味道。

预算估价：1200~5100 元 / 件。

● 亚光乳胶漆

乳胶漆墙面有种简洁、干净的感觉，在现代美式风格中会大量使用，通常会搭配壁纸或墙面造型来组合，可选色彩比较丰富，如白色、淡米色、灰色、蓝色等都比较常用，需要注意的是亚光面的款式更符合该风格特征。
预算估价：40~200 元 / L。

无雕花石膏线

现代美式风格家居不再仅适合高大、宽敞的居室，中小户型同样适用，在不适合做吊顶的空间内，可以使用无雕花装饰的简洁石膏线，让顶面和墙面的转折处有一个过渡，使层次更丰富。除此之外，由石膏板直接切割成宽条的石膏线还可以用在墙面部分做直线造型，搭配壁纸，体现美式特征。
预算估价：15~55 元 /m。

● 舒适的沙发

现代美式风格的沙发追求使用的舒适性，造型简化不再使用雕花。沙发框架部分多为木质材料，坐垫及靠背仍以皮料或布艺为主，但色彩范围扩大，除了做旧的棕色系颜色外，非做旧感的蓝色、黄色、米色甚至是动感拼色也常使用。
预算估价：1500~5900 元 / 张。

8. 简朴有温度的日式风格

简洁是日式风格设计中最重要的基调。清晰简练的线条结构，带给空间极强的立体感；朴素自然的色调，则形成了独特的素雅之风。原木色是日式配色的象征，大量的原木色配上白色、米色、黑色及浅灰色等色调，让空间尽显优雅之态，将东方禅意展现得淋漓尽致。日式风格的一大特色就是对于自然材质的运用。将木材、竹、藤、麻这些自然元素大量运用于室内设计之中，从墙面到地面，营造出舒适的视觉感。日式风格的装修整体造价通常为 20 万 ~ 30 万。

关键词

禅意装饰、原木风、自然元素、素雅

日式风格预算分配

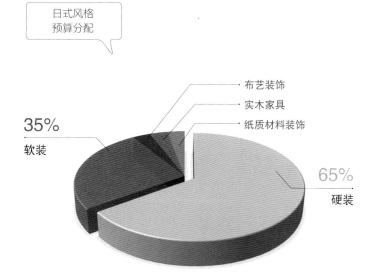

布艺装饰
实木家具
纸质材料装饰

35%
软装

65%
硬装

清新自然的日式风格，小户型必看

小测试 原木色的家具更能让你感受到温暖？
更喜欢纯天然的东西？
喜欢舒缓的活动胜过刺激的活动？
对于日本文化更感兴趣？

● 木地板

日式风格注重与大自然相融合，所用材料也多为自然界的原材料，如实木。实木材料最常出现在地板上，也能非常自然地营造天然、质朴的空间印象。

预算估价：150~420 元 /m²。

障子窗门

障子是一种在日式房屋中作为隔间使用的窗门。采用可拉式设计，可起到分隔与连通内部和外部空间的作用。

预算估价：100~480 元 /m。

● 低矮的家具

日式家具低矮且体量不大，布置时的运用数量也较为节制，力求保证原始空间的宽敞、明亮。

预算估价：500~4000 元 / 个。

● 蒲团

蒲团是日式风格中的标志性元素，其藤类材质体现出一种回归原始的自然状态。蒲团作为佛教寺庙常见之物，给人清静平和之感。

预算估价：20~100 元 / 个。

● 竹木灯具

竹木材料的灯具体现出的天然质感，非常符合日式风格的诉求。

预算估价：80~360 元 / 盏。

色彩搭配：

小家显大的色彩搭配术

4 款网红配色让家
居时尚变身

在选定风格之后，我们还要面临选择整体色彩的问题。虽然风格的确定也能大致确定色彩的范围，但是对于小家装修而言，有些会让空间看起来更小的色彩，还是要尽量避免大面积使用。我们更应该去了解，在既定风格之下，有哪些色彩能够让我们的小家看起来更宽敞、明亮。

1.选择合适的色彩放大小家

在选择家居色彩时，我们总会跟着风格走，有时候因为户型的限制或实现的难易程度，我们会放弃自己喜欢的颜色。但如果全权由自己决定，则会没有把握。因此，在结合室内风格的情况下，选择自己喜欢又不会过时的色彩，是非常重要的。

（1）简单色彩选择

在服装搭配领域，有个词非常常见——基础款。基础款的好处在于它既不会轻易过时，也能成为百搭品，而这些基础款，抛开样式和图案，只讲色彩的话，便是黑色、白色、灰色以及大地色系。

▲ 服装中的基础款颜色以黑色、白色、灰色以及大地色系为主

同样，在家居空间里也有这样的基础色。在家居空间里，由于硬装不能随意更改特征，可以将其底色定位为基础色，在百搭的基础色上，选择一些容易更换色调的软装饰品，满足自身喜好的同时也符合时代潮流。

① 步骤一：确定硬装底色

基础硬装材料，如地板、墙面、门、瓷砖，以及定制的橱柜、大型家具等都选择基础色（黑色、白色、灰色或大地色系）。即使风格不同，基础色也能完美搭配。

硬装底色并不影响空间风格的呈现，如下所示。

a. 黑色、白色、灰色硬装

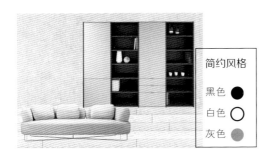

b. 大地色系硬装

② 步骤二：**选择软装跳色**

软装配饰，如窗帘、地毯、灯具、装饰画等可以选择自己喜欢的或风格需要的跳色来打破沉闷感，但注意跳色的选择不要超过三种。

以右图的工业风格为例。

③ 步骤三：**更换跳色色彩**

住了几年、十几年之后，如果想更换家居的氛围，只需要更换软装的色彩，就能有不一样的感觉。

以下图的工业风格为例。

（2）色彩的搭配灵感

我们可以从世界名画，或是自然界中找到色彩搭配的灵感，这不仅不容易出错，而且也能够比较容易地找到自己喜欢的色彩组合。

① 从名画上找灵感

提取画中的色彩

▲梵·高《星空》　　　　▲抱枕与盖毯的色彩组合

② 从自然界找灵感

提取蝴蝶的色彩

▲蝴蝶　　　　▲座椅与靠枕的色彩组合

2. 利用色彩缓解户型缺陷

（1）采光不佳

房间的采光不好，除了拆除隔墙增加采光外，还可以通过色彩来增加采光度，如选择白色、米色、银色等浅色系的颜色，避免暗沉色调及浊色调的颜色。同时，要降低家具的高度，材料上最好选择带有光泽度的面材。

① 白色系

白色作为基础色有很好的反光度，能够表现出一尘不染的感觉，令空间显得明亮而纯粹。在采光不好的家居中设计白色墙面，可以起到良好的补充光线的作用。白色也具有很多层次，如果觉得纯白色太过单一，可以尝试进行白色系的组合搭配。

▲ 白色墙面和家具，令客厅看上去干净而通透，不拥挤

② 黄色系

黄色系是很亮丽的颜色，给人以温暖、亲切的感觉。同时，黄色系具有阳光的色泽，非常适合采光不好的户型，可以从本质上改善户型的缺陷。

▲ 白色使整体空间看上去更敞亮，加上黄色沙发，活跃了客厅气氛，也使空间显得更明亮

③ 蓝色系

蓝色系具有清爽、雅致的色彩印象，能够缓解居室内的烦闷氛围，也能有效地改善空间的采光程度。蓝色系既可以作为空间的背景色，也可以在白色系的空间中作为主角色。蓝色系要选择纯度较高的色调，或者是浅蓝色调；应避免诸如灰蓝色、深蓝色等加入黑色比重过多的色彩。

▶ 淡蓝色墙面和纯色调蓝色座椅形成呼应，增加清爽感和层次感

④ 同一色调

同一色调的居室，会自然而然地扩增人们的视野范围，同时也能提高空间的亮度。色调上最好采用亮色调，这样的色彩才能够有效化解户型采光不佳的缺陷。家具和地板要设计为浅色调，这样才能与墙壁搭配得协调统一，不显得突兀。

▲ 不同明度的棕色使空间看上去更加宽敞

（2）层高过低

层高过低的户型会给人带来压抑感，给居住者带来不好的居住体验，又不能像层高过高的户型那样做吊顶设计。因此，针对层高过低的家居，最简洁有效的方式就是通过配色来改善户型缺陷，其中以浅色吊顶的设计方式最为有效。

① 浅色吊顶 + 深色墙面

在层高较低的户型中，可以将吊顶刷成白色、灰白色或是浅冷色，这样的色彩可以在视觉上令吊顶显得比实际要高。同时把墙壁刷成对比较强烈的颜色，这样的配色效果非常显著。但黑色、深蓝色等暗色调并不适合用于墙面，这样的色调容易产生压抑感，非常不适合层高过低的空间。

▲ 白色顶面和深色墙面的配色方式，对于层高过低的户型十分有效

② 浅色系

浅色系相对于深色系来说具有延展感，用于层高过低的空间中时，具有适当拉伸空间高度的效果。设计时，顶面、墙面、地面都可以选择浅色系，可以在色彩的明度上进行调整。浅色系的墙面若想避免单调，可以选择带有花纹的壁纸，但原则是花形图案要尽可能小。

▲ 淡雅的配色方案有效地化解了层高过低的缺陷

（3）狭小型空间

要想把小空间"变大"，色彩的最佳选择为彩度高、明亮的膨胀色，可以从视觉上使空间更宽敞。其中，白色是最基础的选择。另外，还可以用浅色或偏冷色的色调，把四周墙面和吊顶，甚至细节部分都漆成相同的颜色，同样会对空间起到层次延伸的作用。

① 膨胀色

狭小型空间的配色首选膨胀色，即明度高、纯度高的颜色，可用作重点墙面的配色或重复的工艺品配色。一般来说，膨胀色多为暖色调，黄色、红色、橙色均为膨胀色，但不建议将这种高亮色彩用作背景色，可作为配角色或点缀色使用。

▲ 黄色沙发使窄小的客厅有扩大感

② 白色系

白色是明度最高的色彩，具有高"膨胀"性，能够使窄小的空间显得宽敞。用白色作为窄小空间的配色时，可以通过软装的色彩变化来丰富空间层次，但用色不宜超过三种。

▶ 整体白色系卧室减少窄小空间带来的压迫感

③ 浅色系

浅色给人一种扩大感，十分适合用于窄小型家居。浅色系包括鹅黄、淡粉、浅蓝等，使用时需注意整体家居色彩要尽量单一，以营造整体感。

▶ 选择浅色、冷色、蓝色作为背景色，可以让窄小的空间有扩大感

④ 中性色

中性色是含有大比例黑或白的色彩，如沙色、石色、浅黄色、灰色、浅棕色等，这些色彩能带来扩大空间的视觉效果，常常用作背景色。

▶ 木色家具在视觉上整体统一，有扩大空间感的作用

（4）狭长型空间

狭长户型的开间和进深的比例失衡比较严重，几乎是所有户型中最难设计的。因为有两面墙的距离比较近，且往往远离窗户的一面会有采光不佳的缺陷，所以墙面的背景色要尽量使用一些淡雅且能够彰显宽敞感的后退色，使空间看起来更舒适、明亮。

① 白色 + 灰色

白色可以令狭长型空间显得通透、明亮，而灰色除了具备与白色类似的功能之外，还可以令空间显得更有格调。将两种颜色搭配运用，可以很好地弱化狭长型居室的缺陷。

▶ 白色和灰色作为墙面配色不仅令空间更有格调，还能弱化狭长型居室的空间缺陷

② 浅色系

在狭长型的空间中，可以为顶面、墙壁、家具和地面选用同样的浅色材料，相同的颜色和质感，能够形成和谐统一的视觉效果，从而在无形中扩充空间的体量。

▶ 浅原木色家具与地板整体扩大居室视觉效果

③ 低重心配色

全部白色的墙面能够使狭长型的空间显得明亮、宽敞，弱化缺陷。为了避免空间过于单调，可以搭配彩色软装；将地面设计为深色，则可以避免产生头重脚轻的感觉。

▶ 白色吊顶与墙面弱化户型狭长缺陷

④ 彩色墙面（膨胀色）

狭长型家居可以利用膨胀色装饰主题墙，这样的设计是为了在空间内塑造出一个视觉焦点，从而弱化对户型缺陷的关注，这种配色适合追求个性的居住者。膨胀色的运用只针对主题墙，不宜在整个家居中使用，否则会造成视觉污染，使户型缺陷更加明显。

▶ 蓝色墙砖符合空间特性，同时又能解决户型缺陷问题

软装图案：

巧用图案，放大小空间

　　图案的作用并不只是增添氛围，增加装饰性，有些图案还能影响我们对空间的印象。在小家装修中，提前了解图案的放大、缩小功能，有助于我们后期的软装采购，让我们可以规避掉那些不适合的图案，买到好看又有放大空间作用的图案。

1. 装饰空间中常见的软装图案

（1）抽象图案

① 回纹图案

　　回纹是由横竖短线折绕组成的方形或圆形的回环状花纹，形如"回"字。回纹是具有三千多年历史的中国传统装饰图案，由古代陶器和青铜器上的水纹、雷纹、云纹等演变而来。回纹图案在明清的织绣、地毯、木雕、家具、瓷器和建筑装饰上到处可见，主要用作边饰或底纹。由于回纹构成形式回环反复，延绵不断，因此在民间有"富贵不断头"的说法，根据其图案的特性，人们赋予了回纹连绵不断、吉利永长的吉祥寓意。

② 菱形图案

　　菱形图案通常由清晰、简洁的几何图形组成。早在 3000 年前，马家窑文化时期的彩陶罐就采用菱形作为装饰。在苏格兰，菱形图案是权力的象征，苏格兰服装的经典菱格如今仍广为流传。

　　由于菱形图案本身具备了均衡的线面造型，基于它与生俱来的对称性，从视觉上会给人稳定、和谐之感。

③ 格纹图案

格纹是线条纵横交错组合出的图案，其特有的秩序感和时尚感让很多人对它情有独钟。在家居设计中，格纹沙发椅多运用在英式田园风格和美式风格的家居中，给人一种略带俏皮的感觉。格纹靠枕则常用在单色调的居室中，从视觉上丰富了单色的感官度。

由于格纹跳跃而显眼，所以应尽量避免大面积使用，尤其是大型的格子，用其做适当点缀效果很好，但是用在床品、窗帘等大面积的地方时需谨慎。

④ 条纹图案

条纹是一款经典的布艺装饰图案，其跳跃性相对不强，因此在很多家居风格中均十分适用。另外，条纹是一种很好的改善空间视觉效果的图案，如垂直条纹可以让房间看起来更高，水平条纹可以让房间看起来更大；如果追求柔和的装饰效果，可以选择淡色或同一色系的深浅不同的色调；如果想体现亲切热情的居室氛围，则可采用多彩条纹。

（2）花草类图案

① 佩斯利图案

佩斯利图案又称"火腿纹"或"腰果纹"，是辨识度较高的布艺装饰图案之一。其由圆点和曲线组成，状若水滴，"水滴"内部和外部都有精致、细腻的装饰细节，曲线和中国的太极图案相似。这种古老的图案形态来自古印度，具有吉祥、美好的寓意。其在很多布艺图案上都有体现，如欧式古典风格、波希米亚风格等。

② 莫里斯图案

莫里斯图案以装饰性的花卉为主题，将植物的枝蔓等归纳为平面图形。图案的细节非常丰富，花叶和鸟等都是写实的，形象逼真生动，使图案在简单的平面效果之外又有另一层错觉空间。

莫里斯图案带有中世纪田园风格的美感，对后来的新艺术运动和装饰艺术运动，以及欧洲乃至世界的家用纺织品装饰都产生过深远影响。

③ 大马士革图案

大马士革图案是欧式风格中的经典图案，这类图案由通过古丝绸之路传入大马士革城的中国格子布、花纹布演变而来，不存在于自然界中。大马士革图案的表现形式千变万化，如今人们常把类似盾形、菱形、椭圆形、宝塔状的花型都称作大马士革图案。

大马士革图案融合了东方的格子布花纹和西方宗教艺术，以繁复、高贵和优雅的格调广为人们喜爱，是奢华的巴洛克风格的经典元素，流行至今。大马士革图案是欧式风格设计中出现频率最高的元素，有时美式、地中海风格也常用此种图案。

④ 卷草纹

卷草纹又称"卷枝纹"或"卷叶纹"，由忍冬纹发展而来，以柔和的波曲状线组成连续的草叶图案装饰带。因盛行于唐代，又名"唐草纹"。

卷草纹并非以自然中的某一种植物为具体对象。此图案如同我们古代先民创造的龙凤形象一样，是集多种花草植物特征于一身，经夸张变形而创造出来的一种意象性装饰样式。卷草纹寓意着吉利祥和、富贵延绵。

⑤ 团花图案

团花图案也称"宝相花"或"富贵花"，是一种中国传统图案，在我国许多宫廷和传世服饰中可以看见这种图案的运用。文艺复兴之后，团花图案逐渐传入欧洲，后亦被广泛应用于欧洲的面料织物中，并随着时代的发展而不断演化。

团花图案的特点是外形圆润成团状，由四季花草植物组成，结构呈四周放射状、旋转式或对称式。其寓意是金玉满堂、万事亨通、荣华富贵。

❻ 碎花图案

碎花图案适合小清新的家居环境，也是田园风格软装布艺中的主要图案。其中，碎花图案的布艺沙发和碎花窗帘均十分常见。

把碎花图案应用到家居设计中时，要注意一个空间中的碎花图案不宜太多，否则会显得杂乱。如果是大小相差不多的碎花图案，应尽量采用同一种花纹和颜色；如果是大小不同的碎花图案，则可采用两种花纹和颜色。

（3）动物类图案

❶ 动物斑纹图案

在居室设计中，常见的动物斑纹图案有斑马纹、豹纹、奶牛纹等。这类图案具有原始的野性美，非常适合美式家居和欧式家居，且一般常用于地毯和抱枕之中。另外，这类图案的布艺还十分适合作为季节性的软装变化，尤其是在秋冬季节，其单品的色彩与质感都显得十分应季。

斑马纹

豹纹

奶牛纹

▲ 动物斑纹图案在家居场景中的运用

② 动物形态图案

动物形态图案比起花卉图案更具象征性，既可以表现动物与自然之间的和谐，也可以表达动物与人类之间的和谐。如昆虫与鸟类等图案，虽然小巧，但却能起到画龙点睛的作用。

动物形态图案根据题材的不同，还可以运用到不同的家居风格中。例如，中式风格家居的布艺中常会出现孔雀、仙鹤等主题图案，具备不俗装饰效果的同时，也有着吉祥的寓意。在传统的西方室内风格中，常会出现与神话故事相关联的怪诞造型的动物图案。例如，拜占庭时期的狮鹫图案、中世纪时期的独角兽图案等。到了近现代，室内环境中的布艺对动物纹样的应用更为广泛。例如，西方人热爱马术，因此催生了经典的骑马图案。

（4）卡通动漫类图案

由于卡通动漫类图案的色彩往往比较丰富，形态也相对可爱、生动，因此，以该题材呈现的布艺产品主要用于儿童房中。具体应用时，可以根据儿童的性别加以区分。例如，女孩房中的布艺产品纹样既可以选择气球、花卉等卡通图案，也可以选用动漫中经典的 Kitty 猫形象、米奇形象等。男孩房中的卡通图案多体现为汽车、足球以及少年动漫中的人物形象等。另外，也可以根据儿童自身的喜好，来选择对应的布艺产品。

2.图案对缺陷空间的缓解作用

软装的样式是多元化的，除了纯色的类型外，很多都带有图案，这些图案有的大一些，有的小一些。将不同的图案放在一起对比我们可以发现，有些图案能够让物体看起来更小，有些则相反。利用软装上不同图案的特点，就可以对空间进行微调。

① 小图案

常见类型： 小圆点、碎花或不规则的几何图形等。

作用： 用在软装材料上时，可以让物体比原有的体积看起来更小一些，具有收缩作用，尤其是冷色图案。当居室面积较小时，可以多使用一些此类图案的软装，能够让空间显得更宽敞。

▲卧室墙面和床的色彩比较显眼，小圆点图案的床上用品作为视觉中心令空间显得不是很拥挤

② 大图案

常见类型：花卉、传统符号、几何图形等。

作用：使用此类图案能够让软装的体积比原有的体积看起来更大一些，其中，圆形图案的扩大效果最显著，如果同时使用的是暖色图案，则更明显。适合用在空旷的房间中，能够让空间显得更丰满一些。

▲大圆形图案地毯很好地化解了客厅与餐厅之间无分区的尴尬，以及整个空间较为空旷的感觉

③ 条纹图案

常见类型：横向条纹、竖向条纹以及折线形的条纹。

作用：此类图案根据条纹的使用方向，能够拉伸软装的长度或宽度，折线条纹还具有动感。越细小的条纹，拉伸感越强。可以用此类图案的软装来调整居室的长宽比例，例如宽度窄的客厅宜摆放横向条纹地毯。

▲竖条纹床上用品在视觉上拉长了床的长度，使空间的比例看上去更舒适

第二章
客厅实用设计

在考虑客厅的设计时，最好以实用为目标，对于小家而言，客厅可以说是展现氛围最主要的地方，如果客厅的设计过时、昏暗，那么整个家给人的印象也不会很舒服。客厅的设计与规划离不开对空间的利用和家具、软装的选择，也离不开灯光和收纳的设计。

空间布局：

常见的3种客厅布局

客厅的布局有很多种形式，为了能够更充分地利用空间，我们应该根据住宅的实际情况进行选择。

沙发 + 茶几

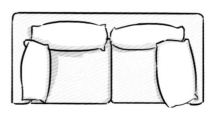

适用空间：小面积客厅

适用装修档次：经济型装修

适合居住人群：新婚夫妇

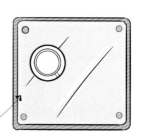

要点：家具元素比较简单，可以在款式选择上多花点心思，别致、独特的造型能给小客厅带来视觉变化

三人沙发 + 茶几 + 单体座椅

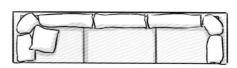

适用空间：小面积客厅、大面积客厅均可使用

适用装修档次：经济型装修、中等装修

适合居住人群：新婚夫妇、三口之家

要点：可以打破空间的简单格局，也能满足更多人的使用需要；茶几最好为正方形款式

对坐式摆法

适用空间：小面积客厅、大面积客厅均可
适用装修档次：经济型装修、中等装修
适合居住人群：新婚夫妇、三口之家 / 二孩家庭

要点：针对面积大小不同的客厅，只需
变化沙发的大小就可以了

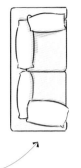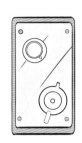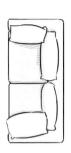

　　客厅设计是家居空间中的大工程，因其引导着整体家居风格和品位的走向，想要达成打造完美客厅的愿望，还真得费点心思。但事实上，客厅设计也并非"难于上青天"，只要找出客厅中的核心区重点设计，平庸客厅就能秒变有格调的空间。

核心区 **1** 沙发区

核心区 **2** 电视背景墙

确定沙发区的家
具，就能定位客
厅的风格

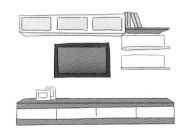

电视墙的功能
很多，如收纳、
展示

核心区 **1** 沙发区

设计技巧

① 应与家居风格相协调，不宜特立独行；

② 应与吊顶、墙壁、地面、门窗颜色风格统一；

③ 利用茶几造型可以增加居室创意。

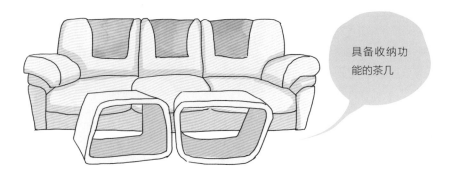

具备收纳功能的茶几

核心区 **2** 电视背景墙

作用

① 可以弥补家居空间电视区的空旷；

② 可以起到修饰电视区的作用。

设计技巧

① 设计成手绘墙，增加空间艺术感；

② 设计成收纳墙，特别适合小户型空间。

收纳墙

手绘墙

　　沙发和茶几围合起来的区域，是客厅中最繁忙的地方。由于活动动线来回穿行，这块区域简直成了一个交通环岛。所以，如何根据客厅特点进行设计，使居住者在这块"环岛"中自由、顺畅地生活，成了迫切需要解决的问题。

茶几区是客厅中最繁忙的地方

家具选择：

多功能家具最能节省空间

　　小家的客厅一般面积不大，但是也要能满足各种各样的活动与需求，作为家庭中的主要活动空间，在家具的选择上，既要考虑到美观性，又要考虑到不占用多余空间。

1. 沙发——客厅中的定调家具

　　在客厅的家具布置中，沙发是最抢眼、占地面积最大、最影响居室风格的家具。沙发就像船锚一样，会让空间里的其他家具各自找到安身之所。

（1）沙发在客厅中合理摆放的尺寸

❶ 高度不超过墙面高度的 1/2，太高或太低会造成视觉不平衡

❷ 沙发深度建议在 85~95cm

❸ 沙发两旁最好各留出 50cm 的宽度来摆放边桌或边柜

（2）根据客厅大小，选一款适合的沙发

知道了沙发的合理摆放尺寸，接下来我们来看看不同面积的客厅，又该如何选择沙发?

① 小客厅

可以选择双人沙发或者是三人沙发，一般 $10m^2$ 左右的客厅即可摆放三人沙发。

沙发占客厅面积约 25% 最为合适。沙发的大小、形态取决于户型大小和客厅面积。

② 大客厅

可以选择转角沙发，这种沙发比较好摆放；也可以选择组合沙发，即一个单人位加一个双人位和一个三人位（客厅差不多需要 $25m^2$）。

2. 茶几——影响客厅其他摆设协调感的重要角色

小小的茶几是客厅空间的中心点，所有家具都围绕它运转，就连客厅的定调家具——沙发，也不例外。但是，茶几在客厅中的地位远远没有像沙发那样得到足够的重视，很多朋友在选择茶几时常常是出于如下动机。

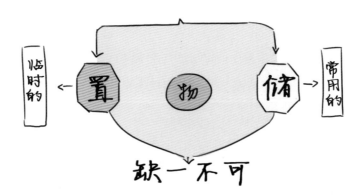

推荐款

不推荐款

VS

大量的抽屉可以令零碎物品的
收纳易如反掌

不便于取物，且没有脚部空间

重叠的茶几可以根据需求灵活改变大
小和高度

好看不实用，没有收纳空间

支招！

如果实在喜欢相关的款式，可以在沙发边上搭配一个带有储物功能的边几。

3.电视柜的多功能大变身

沙发、茶几是客厅第一核心区域中的组成家具，接下来我们来聊聊，客厅第二核心区域的主要家具——电视柜。

（1）电视柜前需要预留的尺寸

具有储物功能的电视柜，由于拿取物品时需要弯腰或蹲下，因此，电视柜前需要留出适当的距离。可以根据日常姿势及客厅空间面积的大小，来选择适合自己日常生活的预留尺寸。

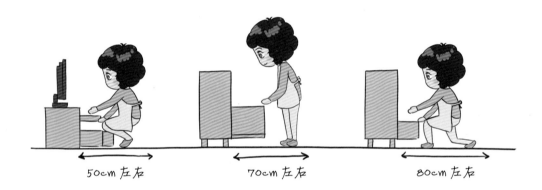

50cm 左右　　　　70cm 左右　　　　80cm 左右

（2）电视柜的合理高度

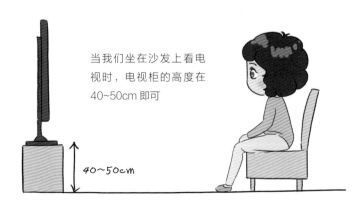

当我们坐在沙发上看电视时，电视柜的高度在 40~50cm 即可

40~50cm

（3）常见电视柜的款式

传统款

悬空款

▲ 传统款，最常见

▲ 悬空款，简单又美观，非常受欢迎

实用款

家庭影院这么设计，
客厅看起来更高级

▲ 如果你家没有书房，也没有多余的储物空间，那么一定要有一个这样的电视柜。这种电视柜不仅储物量大，
还能打造整洁的客厅面貌

灯光搭配：

主灯 + 辅助灯，增加明亮感

3招教你布置室内灯
光，让家更有质感

　　小家客厅的灯光设计一定要明亮，这样才会显得宽敞，因为在客厅进行的活动比较多，所以一定要考虑多种灯具组合的灯光设计，这样可以满足不同需求下的灯光要求。

　　提到搭配，大家最容易想到的就是服饰上的搭配。事实上，客厅中的灯具也是需要搭配的。很多朋友选择客厅灯具时，往往把注意力放在主灯的选购上，而忽略了其他灯具的搭配运用，这样的客厅照明一定是不合格的。

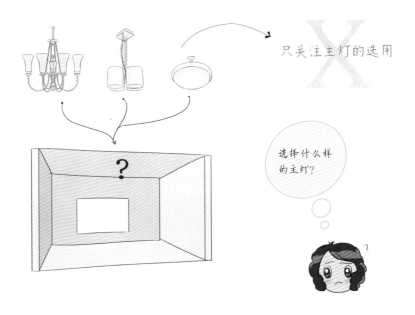

只关注主灯的选用

选择什么样
的主灯？

主灯 + 简单台灯的组合，同样不合格！

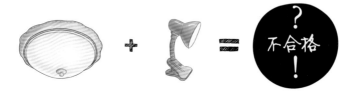

不合格！

客厅灯的搭配具有两重含义，即灯具搭配和灯光搭配。

1. 灯具搭配

灯具的外观与客厅格调要协调。

要点：可以根据客厅的风格和大小来选择灯具。

搭配现代风格

搭配欧式风格

搭配田园风格

2. 灯光搭配

根据空间的功能和氛围，挑选不同角度和亮度的灯，形成适合的光环境。

要点：除了照明的基本需求，还可以产生各种不同的光线氛围。

客厅中最好可以形成如下光环境。

主灯（环境光）　　　　灯槽（轮廓光）

落地灯（焦点光）　　　边几灯（焦点光）

（1）客厅主灯

很多新装修的朋友，在选购客厅主灯时，往往会随着自己的心意来挑选，却忽视了一个很重要的因素——主灯的尺寸。尺寸不对，会造成以下两种情况。

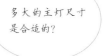

尺寸大的主灯令客厅环境显得十分压抑

尺寸小、不显眼的主灯在客厅中会显得存在感很低，装饰度大大降低

多大的主灯尺寸是合适的？

原则1　客厅主灯可根据客厅的大小来选购，但原则是宁大勿小，除非客厅小到一定程度（10m² 以下），一般客厅主灯的直径可以从 80cm 起。

原则2　选择主灯时还应该考虑客厅的层高。一般情况下吊灯灯底应距地面 2.2~3.0m，在特殊情况下距地面 2.0m 也可以。在现代、简约风格家居的装修中，选用吸顶灯也可以给客厅留出更多的空间。

（2）客厅灯槽

"客厅吊顶到底需不需要做灯槽？""什么样的户型适合做吊灯灯槽？"这样的问题往往会令很多新装修的朋友感到困惑。

灯槽将光打向吊顶，利用吊顶的反射照明，这称为"间接照明"，间接照明可以营造一种祥和、浪漫的氛围。

对于小家而言，可以选择做局部简洁的灯槽，因为这样可以令空间显得更高。

灯槽

（3）客厅落地灯

客厅中除了最常见的主灯和灯槽，还可以利用落地灯来进行辅助照明。在沙发附近摆放一个落地灯，既可以丰富空间中的光层次，也可以增加装饰性。

落地灯可以选择灯罩可调节的。

① 向吊顶的光

为"间接照明"，非常柔和，可以令空间显高。

② 射向地面的灯光

可以平衡视线范围内的明暗对比，避免眼睛疲劳。

③ 射向沙发的光

落地灯可以选择灯罩可调节的。

（4）客厅边几灯

边几灯一般来说是提升空间装饰效果的灯具，同时暖暖的灯光会令居室的氛围更加温馨。

软装布置：

大小和色彩由客厅家具决定

客厅的布艺装饰选择可以根据家具的风格和大小来决定，可以不用多，但是一定要能体现风格感。

客厅中最常见的布艺包括窗帘、地毯和抱枕。很多朋友在选购时，往往只会关注单品好不好看，而忽视了这些布艺元素搭配在一起时的空间效果，最终却发现——空间配色很凌乱！

1. 客厅布艺——地毯

地毯选择的 5 大关键点。

① 客厅是走动频繁的地方，地毯要具备耐磨、耐脏的特质。

② 不宜大面积铺装地毯，可选择块状地毯，拼块铺设。

③ 地毯色彩与客厅环境之间不宜反差太大。

④ 地毯色彩应尽量避免过浅或过深，浅色地毯难以掩盖脏污。深色地毯容易凸显掉落在地毯上的线头和棉絮。

⑤ 地毯图案最好按照家具的款式来配套，如不好确定，可以选择花型较大、线条流畅的地毯图案，能营造开阔的视觉效果。

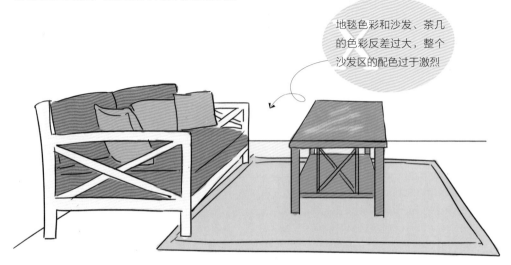

地毯色彩和沙发、茶几的色彩反差过大，整个沙发区的配色过于激烈

客厅的面积不大，该选择什么样的地毯呢？

小面积客厅的地毯不宜过大，面积比茶几稍大就可以，这样的空间氛围会显得精致。

大客厅

小客厅

▲ 地毯可以放到沙发和茶几下面

▲ 地毯比茶几略大

支招！

　　如果客厅的面积较大，在 20m² 以上，地毯不宜小于 170cm×240cm。地毯可以放在沙发和茶几下，使空间更加整体大气。

　　另外，还可以根据家具来选择地毯。如方形长毛地毯适合低矮的茶几，可令客厅显得富有生气；不规则形状的地毯比较适合放在带有造型感的茶几下，能突出茶几本身。

2. 客厅布艺——窗帘

窗帘选择的三大关键点。

① 色彩。与整体房间、家具颜色相协调；窗帘色彩要深于墙面。

② 材质。薄型织物的薄棉布、尼龙绸、薄罗纱、网眼布等。

③ 图案。根据家居风格选择图案，纯色最常用。

纯色适合客厅风格且与沙发搭配协调

色彩深于墙面

材质轻薄

3. 客厅布艺——抱枕

抱枕的色彩和款式那么多，该如何选择呢?

抱枕配色技巧如下所示。

最保险的配色	最出效果的配色	最具视觉跳跃感的配色
选择同一色系，通过明暗对比来体现层次感	选取一组同类色，再搭配一到两个近似色	利用三角型配色，同时搭配米色、白色或灰色抱枕作为调剂

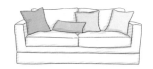 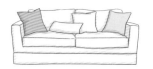 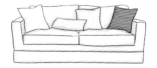

还可根据家居主色彩选择抱枕。

◎ 客厅色彩丰富

选择抱枕时最好采用风格比较统一、简洁明了的颜色和风格。这样不会使室内环境显得杂乱。

◎ 客厅色调单一

抱枕可以选用一些视觉冲击力强的对比色，这样能活跃氛围，丰富空间的视觉层次。

4. 客厅装饰——装饰画

家的温馨在于细节的呈现，尤其是客厅作为家居中的颜面，细节的装饰不容忽视。不妨在装饰画和工艺品上下功夫。装饰画在客厅沙发背景墙上出现的频率很高，我们一起来看看装饰画和沙发之间的比例关系。

以上装饰画的比例和尺寸适用于大部分客厅沙发墙，但是如果客厅面积特别小（10m² 左右），则可以选择高度在 25cm 左右的装饰画。另外，如果客厅的面积较大（20~30m²），单幅装饰画的尺寸以 60cm × 80cm 左右为宜。

5. 客厅装饰——装饰品

装饰品并非是空间中的必需品，但却是空间布置中最方便、最容易出彩的小饰物，同时也能根据季节和心情来变换，为空间增添趣味性和生活性。

首先来看看客厅中的装饰品该如何摆放，这些摆放技巧在其他空间中也是基本适用的。

（1）集中展示与分散布置相结合

电视柜上摆放一些装饰品和相框，不要全部集中，稍微有点间距和前后层次，使这一区域变成悦目的小景。

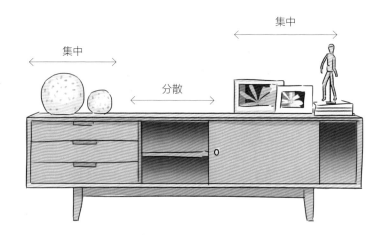

（2）饰品结合灯光来提亮空间

对于采光不足的空间，可以在墙上挂画，并在小边几上摆放几件工艺品，打上灯光后就是令人眼前一亮的风景。

（3）利用创意小物件提升格调

将有趣的小物件，如具有创意性的钟表摆放在墙面搁架上，可以提升空间的格调。

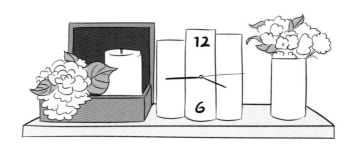

（4）鲜花、绿植永远是空间中最具生机的装饰

鲜花、绿植与生俱来的特质，为空间带来无限的生机。

（5）不要小看自己的爱好——利用爱好衍生出的装饰品

将一把吉他摆放在边几的旁边，既具有装饰性，同时也能成为与来访者之间的话题。

爆款家居绿植，让家"春风十里"

客厅收纳：

不在地面上摆放任何除必要家具以外的杂物

客厅集会客、视听、休闲功能于一身，人们赋予客厅的重任越多，其堆放的物品就越多。尤其像遥控器、报刊书籍、零食等各类杂物，如果没有进行适当的收纳，整个空间就会显得十分凌乱。因此，客厅中往往摆放茶几、边几等家具来对空间中的物品进行收纳。需要注意的是，客厅作为活动最多的空间，地面的动线十分重要，尽量不要在地面上摆放任何除必要家具以外的杂物。

1.客厅硬装收纳设计

（1）嵌入式电视柜

内嵌于墙面的电视柜最节省空间，根据墙面特点和电视的大小，现场定制收纳柜，可以满足大部分的公共物品收纳或图书、藏品的收纳。规矩的柜体型存储空间，容量大又整齐（下左图）。

（2）造型电视柜

电视柜既可以用最传统的抽屉和门板将物品藏于无形，也可以采用现代式的地柜与吊柜结合的设计，会更有个性，而且居住者还能根据不同时期的需要做相应的变化，可谓是集功能性与灵活性于一体（下右图）。

（3）敞开式搁架

一些户型较小的居室，往往将书房与客厅进行合并，因此客厅中会有大量的书籍需要进行收纳。常见的收纳方式是在沙发旁边设计小型的开放式书柜，既方便拿取，又不会占用过多的空间。对于书籍较多的家庭，则可以不将沙发靠墙摆放，在沙发后面的墙面打造一个开放式书架，这样可以容纳更多的书籍。

4款书房设计，小户型也值得拥有

（4）窗台空间

如果客厅是凸窗设计，可以在窗下做一个木质沙发，平时居住者可以坐在上面休息，掀开座板就可以看到下面的收纳空间。如果客厅是平窗设计，则可以靠窗做一条休闲长椅，长椅本身也可以成为一个收纳柜。

2. 客厅软装收纳设计

（1）沙发收纳

沙发在客厅内占据空间较大，是客厅的一个大件家具。现在，有一些沙发的底部可以打开，能够收纳并放置一些物品，特别适合小型客厅使用。当然，沙发本身的扶手就是可以放置一些物品的，例如遥控器、通讯录等。还有一些沙发旁边设有沙发袋，可以放置报纸、杂志等。

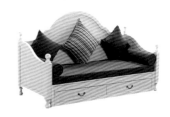

（2）茶几

要想在客厅得到更多的空间，应该好好"挖掘"一下茶几的"潜力"。茶几不仅可用来摆放茶水等物品，表面还能做些简单收纳与装饰。带有抽屉的茶几，还能把零食和杂乱无章的小饰品放在里面。另外，现在有些多功能茶几，可以实现更多的杂物收纳（下左图）。

（3）边几

高低不等的边几看似没有强大的收纳功能，但是却可以根据不同的使用需求，与其他家具搭配使用，来客人时也能有放茶杯的地方。同时，边几还是摆放相框和台灯的好地方。如果是喜爱阅读的业主，也可以在边几上搁置常看的书籍（下右图）。

（4）成品电视柜

电视柜是最常用的收纳空间，一般机顶盒、DVD 都放置于电视柜上，如果想要造型感更强、更美观的电视柜，可根据空间尺寸购买成品电视柜。选择带有抽屉的电视柜也能完成部分收纳功能。

（5）成品吊柜、搁板

可以在客厅的墙面上设计一些收纳搁板，搁板的组合灵活，占墙面积小，同时又能满足墙面的展示需求。需要注意的是，搁板上的物品需要进行细致的分类，横向按物品的种类分，如文具占一边，工具占一边；纵向按照使用频率划分，常用的放在下面，不常用的放在上面，分类做好后，需要长期保持。

（6）沙发边柜

巧妙地利用沙发边柜作为沙发的背景，高度和沙发平齐或略低，可以使沙发看起来不再孤立无援，又大大地增加了物品摆放的空间。边柜柜面上可以摆放台灯、相框、饰品，边柜里则可塞进大摞的书籍和纸箱。值得注意的是，边柜、沙发、地板的颜色最好搭配和谐。

（7）收纳凳

客厅里不妨多准备一些收纳凳，其不会过多地占用空间，而且能收纳客厅中不常用的杂物，换季的小物件等也能收纳其中。客厅人多的时候，收纳凳还能作为应急之用。

第三章

餐厅实用设计

　　小家的餐厅往往与客厅相连，所以在设计上会有与客厅相通的地方。对于餐厅的设计，我们不必过于看重形式，而应更注意是否符合生活习惯等。

空间布局：

再小也能好好吃饭的餐厅布局

　　面对较小面积的餐厅，在布局的选择上要有所侧重，一些常见的餐厅布局，很可能并不适合小餐厅，反而会造成空间浪费，所以在选择前一定要了解清楚哪些布局更适合小餐厅。

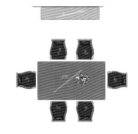

平行对称式

◎餐桌适合长方形款式，餐椅以餐桌为中线对称摆放，边柜等家具与餐桌椅平行摆放。
◎这种摆放方式的特点是简洁、干净。
◎适合长方形餐厅、方形餐厅、小面积餐厅以及中面积餐厅。

平行非对称式

◎整体布置方式与平行对称式相同，区别是一侧餐椅采用卡座或其他形式，来制造一些变化，边柜等家具适合放在侧墙。
◎效果个性，能够预留出更多的交通空间，彰显宽敞感。
◎适合长方形餐厅、小面积餐厅。

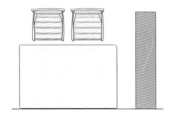

一字形

◎有两种方式，一种是餐桌长边直接靠墙，餐椅仅摆放在餐桌一侧，适合长方形餐桌。
◎另一种是餐椅摆放在餐桌的两边，餐桌一侧靠墙，适合小方形餐桌。
◎两种方式中，柜子均可与餐桌短边平行。
◎适合面积较小的长条形餐厅。

餐厅中的家具主要集中在餐桌区域，主要有"三大件"——餐桌、餐椅和餐边柜。要想餐厅使用起来方便、舒适，这"三大件"之间"和谐共处"的尺度要牢记。

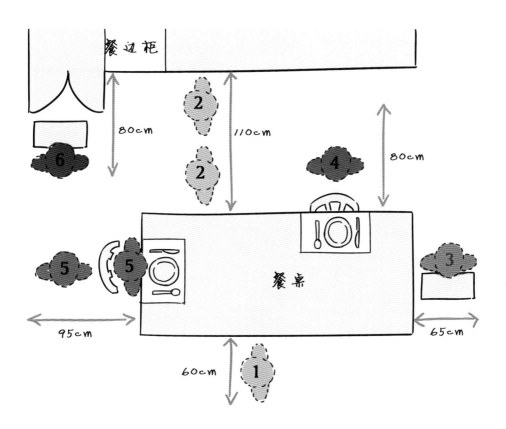

1 单人经过的通道宽度为 60cm（侧身通过为 45cm）

2 两人擦肩而过的宽度为 110cm

3 人拿着物体通过的宽度为 65cm

4 就座时所需的宽度为 80cm

5 坐在椅子上同时背后能容人通过的宽度为 95cm

6 打开餐边柜拿取物品的宽度为 80cm

家具选择：

选择使用率高的家具

　　小餐厅的装修离不开对家具的选择，有些餐厅家具虽然样式新颖好看，但是使用率并不高，也不适合较小的空间摆放。对于较小的餐厅空间，要尽量选择使用率高的家具，避免闲置浪费。

1. 餐桌——家中的美食承载地

　　餐桌是供家庭成员用餐的家具，也是家中美食的承载地。餐桌的形式多样，不同的家居环境中所需要的餐桌形式也有所差别。

常见的餐桌形态

圆形餐桌

有效利用空间角落，适合任何形状的餐厅，但需注意不能紧贴墙壁放置。

长方形餐桌

最为常见，可以令餐厅呈现出整洁、利落的空间氛围。

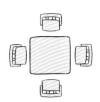

正方形餐桌

一般尺寸不会很大，只能满足 4 人就餐需求，适合面积狭小的餐厅。

圆形餐桌的就餐人数由菜单决定

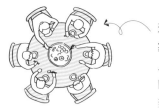

选择圆形餐桌的家庭，一般就餐人数较多，在此围坐一团吃火锅，热闹非凡。

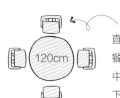

直径为 120cm 的圆形餐桌，如果想要在家中吃西餐，就只能坐下 4 个人了。

（1）餐桌桌面的尺寸

一般来说，用餐时，个人单独占据的餐桌桌面的大小约为 40cm×60cm。

依照这个尺寸标准，我们在选择餐桌时，就可以按照使用人数，大致确定适合自己家的桌面尺寸（主要适用于长方形餐桌）。下面是根据使用人数而定的桌面尺寸范围（仅做参考）。

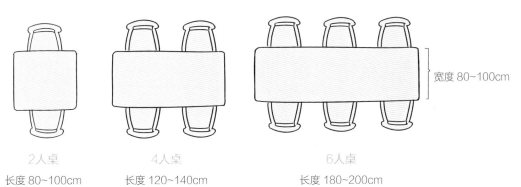

宽度 80~100cm

2人桌
长度 80~100cm

4人桌
长度 120~140cm

6人桌
长度 180~200cm

6人桌根据座位摆放不同，尺寸上也会出现变化

若如此摆放，餐桌的长边尺寸达到160cm即可

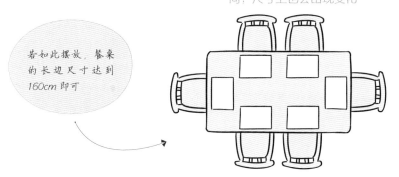

（2）餐桌桌面的高度

要想在就餐时保持舒服的状态，餐桌的高度就要符合人体工程学。一般来说，餐桌的高度最好高于椅面 27~30cm。这样的尺寸差可以令用餐者在坐着的时候，双手放在桌面上时手肘与桌面呈 90° 直角，这样的坐姿省力又舒服。

购买餐桌椅时最好到商场实地感受一下。如果要网购，可以参考以下公式。

$$座面高 = 身高 \times 0.25 - 1$$

$$桌面高 = 身高 \times 0.25 - 1 + 身高 \times 0.183 - 1$$

以身高 165cm 的女性为例，适合的座椅高度约为 40cm，桌面高度约为 70cm。读者可以根据自己的身高，算一下适合自己的餐桌椅高度。

2. 餐椅——既可配套，也可创新

我们在选购餐桌时，顺便会搭上餐椅一起购买。这样的好处不言而喻——风格统一，用在家中很是协调。但是，如今餐椅也有流行趋势了，首先来看看配套餐椅该如何选择。

（1）常见的座椅款式

当代椅

款式简洁，多为木质或表面有布艺、皮面包裹；现代、简约风格的家居均适用；多搭配木质餐桌。

伯托埃椅

典型的金属网椅，造型独特，适用于现代、后现代风格的家居；可搭配玻璃餐桌。

北欧椅

椅面材质多为树脂，造型简洁却不失艺术感，适用于北欧风格的家居，多搭配木质餐桌。

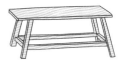

古典主义椅	圈椅	长板凳
造型优雅，座椅表面多为皮质，适用于欧式风格的家居；如果椅面为碎花布艺，也适用于田园风格的家居。	典型的中式座椅，具有文化内涵，适用于中式风格的家居；与圆形实木餐桌搭配最协调。	多为木质，适合与长方形餐桌进行搭配，适用于现代、简约、北欧，甚至田园风格的家居，运用十分广泛。

（2）餐椅的流行趋势——卡座

　　除了传统的可移动式餐椅，在目前的餐厅设计中，卡座形式大放异彩。卡座来源于演艺式酒吧或休闲会所，形态为两个面对面的沙发，中间加一个小桌子。其在商业餐厅中被广泛运用，并逐渐应用于家居餐厅之中。家居餐厅中利用卡座来代替一部分普通餐椅，可以体现出以下 3 大优势。

　　节省空间：规避了传统餐椅之间存有空隙的缺陷，在有限的空间中，可以坐更多的人，适合小餐厅和经常有聚会需求的家庭。

　　使用舒服：卡座相对于传统餐椅更加稳定，可以带给使用者心理上的安全感。此外，除了满足吃饭的需求，平时还可以在此倚坐，看书喝茶，十分惬意。

　　方便储物：卡座的下部空间可以设计为收纳场所，缓解家居中的收纳压力，使家居的面貌更加整洁、有序。

3. 餐边柜——还原餐厅整洁面貌

餐厅中最容易造成混乱的地带无疑是餐桌，餐桌作为空间中使用率最高的地方，存放的物品也繁杂多样，我们来看看家中的餐桌到底容易被哪些物品所占据。

餐厅承载的基本日常行为无非是"吃"和"用"，通过总结、分析得出，最容易
与餐桌亲密接触的，是下面这 7 类杂物：

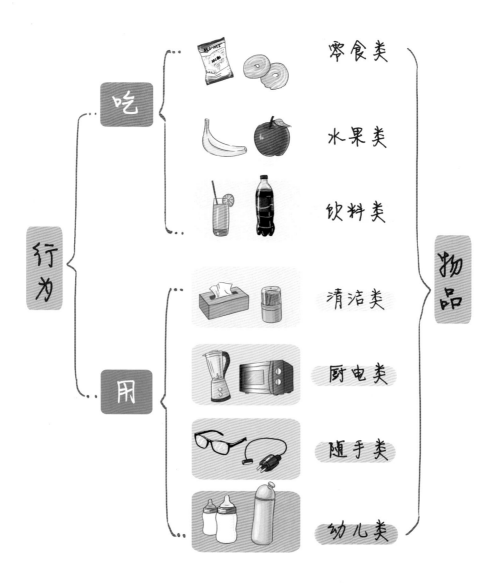

造成餐桌混乱的原因，和我国大多数家庭的生活习惯与居住条件有关——"怕麻烦"和"空间小"。有些家庭为了方便，常常把老干妈、香菇酱等佐餐类食品放在餐桌上，避免多次拿取；或者将餐巾纸、牙签等餐后用品直接放置在餐桌上。还有些有婴幼儿的家庭，为了拿取方便和避免油烟，将孩子的奶瓶、奶粉等物品放置在餐桌上……类似于这样的现象不胜枚举，也就造成了餐桌的覆盖率过高的现象。

$$餐桌覆盖率 = 物品所占面积 / 餐桌桌面面积$$

其实，解决餐桌覆盖率过高的问题，最简单的方法就是选择一款合适的餐边柜。但在选择的时候，一定要注意两大问题，首先餐边柜的使用率一定要高，其次餐边柜的摆放位置一定要合理。

（1）使用率高

有些家庭虽然在餐桌旁摆放了餐边柜，但由于收纳区使用起来不方便，久而久之餐边柜的表面也变得杂乱起来。

比如柜体中只设置了一两块层板的矮柜，由于餐厅中常用的物品多为小尺寸，采用层板收纳容易造成"前后堆叠"的现象，使用起来并不方便。

以下为推荐使用的几款餐边柜。

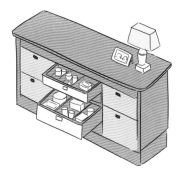

多抽屉款式

适合大部分家庭，多抽屉形式打开后物品一目了然，分类明晰，拿取方便。

酒柜

餐厅面积较大的家庭可以选择酒柜，使用空间较多，也具有装饰性。

墙面柜

如果家中的面积有限，可以考虑墙面柜，这样的柜体制作简单，也能在一定程度上缓解餐桌压力。

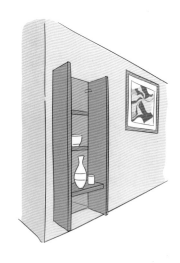

嵌入式柜体

小面积的餐厅中，也可以利用墙面制作嵌入式柜体来代替餐边柜，需注意深度以 35cm 为宜。

（2）摆放位置合理

"有了餐边柜，不代表拥有了整洁餐厅"的另一个原因为：餐边柜的摆放位置不顺手。

一般的家庭中，餐边柜和餐桌的摆放形式为平行式，这就导致在餐边柜上摆放或拿取物品时需要起身，于是为了方便起见，很多零碎的小物品又令餐桌"堆积如小山"。

将餐桌和餐边柜呈 T 形摆放，就可以营造一个餐桌和餐边柜"零距离"的接触方式，不仅拿取顺手，还可以在一定程度上缓解餐桌的置物压力。

T 形的餐桌与餐边柜的摆放形式，虽说解决了餐厅物品拿取不方便的问题，但会造成餐边柜的部分空间无法使用，因此选用这种餐边柜的家庭，不妨采用定制形式。

❶ 餐桌的高度一般为 72～76cm，略矮于餐边柜

❷ 考虑到椅子的妨碍，柜门要设计为推拉式

❸ 可以在墙面设计吊柜，增加储物功能，合理运用立面空间

灯光搭配：

暖光更有温馨氛围

　　不论餐厅的大小，在对其进行灯光设置时，一定要选择能让空间看起来温馨、能增进食欲的灯光。相对冰冷的白光，温暖的黄光更适合餐厅。

　　相对于客厅灯需要搭配的要点，餐厅灯最重要的诉求则为体现出温馨感。在灯具的选择上，餐厅灯包括吊灯、壁灯和餐边柜灯，在设计时虽各自独立，但在风格上最好相互呼应。

餐厅照明关键点

餐厅中若设计环境光（灯带），可以与客厅一样采用分散光源。

焦点光要设置在餐桌中间（注意不是吊顶中间，设计时应先确认好餐桌的位置），可选用有造型感的吊灯，在增加空间个性的同时，也能给人带来好食欲。

为了使餐厅显得亮堂、整洁，最好采用整体扩散照明，在餐桌周围加装壁灯或餐边柜灯，以进行局部照明。这样做的原因很简单：扩散照明可以使人保持进餐时的愉快心情。

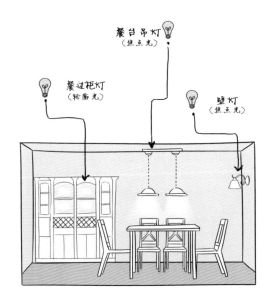

餐台吊灯
（焦点光）

餐边柜灯
（轮廓光）

壁灯
（焦点光）

1. 餐厅吊灯

餐厅吊灯是餐厅中最主要也是最重要的灯具，在选择与安装时要注意如下要点。

（1）餐厅吊灯的方位

吊顶中央是大部分空间预留主灯点位的默认位置。但对于餐厅而言，这个位置却往往是与餐桌偏离的。所以，正确的做法是：提前确定餐桌的摆放区域，把灯的点位预留在餐桌正上方。

餐厅吊灯在空间中的位置一定是居中的，但要注意是居于餐桌的中心，而非整个空间的中心。

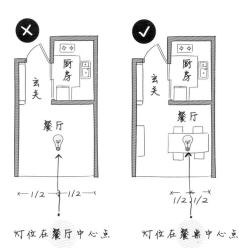

灯位在餐厅中心点　　灯位在餐桌中心点

在餐厅中，一定要注意在进行电路改造时，要提前规划好餐桌的摆放位置，把灯的点位预留在餐桌的正上方。

另外，还需要注意一个关于尺寸的要点，餐厅吊灯与桌面要保持 65cm 左右的距离。

65cm

（2）餐厅吊灯的材质

如今北欧风与工业风大肆流行，带有金属质感的灯具变得炙手可热，在家中安装此类灯具无疑可以增添整体居室的格调，但餐厅中没有其他辅助光源的朋友们要注意了，这样的灯具并不适合你家的餐厅。

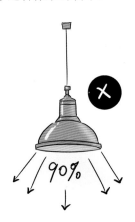

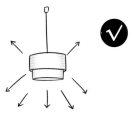

光的形式不变，材质为布艺

原因：金属不透明灯罩会将光线全部聚拢向下，造成餐桌部分极亮，而周边环境极暗的情况。

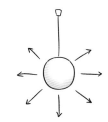

光的形式不变，材质为玻璃

2. 餐边柜灯

餐厅中除了主灯外，就是与餐边柜相关的灯具设置了，不同形态的餐边柜在灯具和光源设计上也有所区别，可以根据实际情况进行选择、搭配。

（1）餐边柜形态 1：常规矮柜

在常规矮柜形态的餐边柜上摆放台灯，既可以辅助餐厅主灯来满足餐厅的照明需求，又可以照亮餐厅墙面上的装饰，增添餐厅的美观度。

（2）餐边柜形态 2：定制高柜

如果餐厅中的餐边柜为定制高柜，则可以在吊柜的底部内嵌一排 LED 灯，既可以起到美化装饰物的作用，也可以使原本厚重的柜体显得轻盈。

软装布置:

小体积装饰品烘托气氛

小家的餐厅装修中也可以考虑加入一些装饰品,但是在选择装饰品时,要考虑好其材质、大小、色彩是否符合餐厅氛围。

餐桌区域并非是餐厅中唯一的设计关键点,背景墙也是令小餐厅出彩的核心设计要素。在营造餐厅墙面的气氛时,最主要的是要符合美观的原则,切忌盲目堆砌。比如说,可以在墙壁上挂一些画作、瓷盘等装饰品,当然也可根据餐厅的具体情况灵活安排,以点缀环境;或者设计几个简洁的搁板,摆放一些小工艺品,就能改变墙面单调的印象。

1. 挂盘装饰

挂盘装饰灵活、小巧,形式多样,并且其形态可以和餐盘形成呼应,是非常适合餐厅的墙面装饰(下左图)。

2. 小体量造型搁架

餐厅墙面设计搁架,不但具有装饰作用,同时还可以将美观的餐具、收藏的红酒等置于其上,完成收纳,一举两得(下右图)。

3. 食物主题装饰画

装饰画是家居中不可缺少的点缀，餐厅也不例外。其中，和饮食主题有关的装饰画最为适合餐厅。

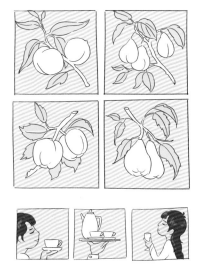

除了装饰内容，餐厅装饰画的尺寸也应注意，尺寸一般不宜过大，以 60cm×60cm、60cm×90cm 为宜。另外，挂画时画的顶部最好距空间顶角线 60~80cm，并保证挂画整体居于餐桌的中线位置。

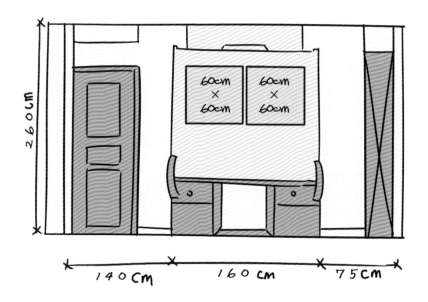

餐厅收纳：
创意方法解决小餐厅储物空间不足问题

　　餐厅是一家人享受美食的地方，既要保证整洁干净，也要拥有完美的装饰。但现在的小家装修中最难的问题就是存储空间不足，家庭成员又多，预留给餐厅的面积都不太大。想要在扩大收纳的同时保证餐厅的舒适度，可以运用一些具有创意的方法来解决空间收纳问题，如利用墙面进行收纳，这样的方式可以为家居空间多带来一些亮点。

1.矮柜式餐边柜

　　降低视觉重心的低矮家具有放大空间的效果，使空间的视野更加开阔。这类餐边柜的高度很适合放置在餐桌旁，柜面上的空间还可以设计搁架，用来展示各类照片、摆饰品、餐具等。同时，内部层板一定要合理，令用品分类明晰，拿取方便。

2.整面墙式餐边柜

餐厅面积较大的家庭可以选择整面墙式餐边柜，其收纳空间较多、整体性强，也具有装饰性。造型各异的墙面柜就像艺术品，既具有实用性，又能带来视觉震撼力。无论是古典风格还是现代风格的居室，都能因其展现出很好的居室魅力。

3. 半高柜

半高柜可收放自如，款式造型多样。一般常见的餐边柜都是横向的矮柜，但是矮柜加吊柜的造型款式，可与餐桌线条形成舒适的视觉构图。而局部的空格和搁板设计，则让物品摆放方式更加丰富。

4. 角落嵌入式餐边柜

如果餐厅空余墙面有限或有凹位墙，可以根据墙面凹位嵌入餐边柜，其虽占地面积不多，但是储物能力丝毫不差。可以选择玻璃柜门、实木柜门等不同款式，组合设置，能带来一些视觉变化。

5. 卡座

在面积有限的小家装修中，卡座替代了相对来说比较笨重的椅子，不仅能坐下更多人，还打造出了别样的就餐空间。卡座的常见类型主要可以分为：一字形、L形和U形（弧形）。在设计时，可以根据不同户型设置不同造型的卡座。一般卡座下面会留有收纳空间，所以它在充分利用空间的同时还能满足储物需求。

支招！

卡座常见的类型有三种，可以根据户型和个人需求选择。

一字形：沿一面墙设卡座，省去一侧过道空间。根据户型特点来设计，可以将卡座设计成和餐桌同等长度，也可以更长一些。对面放几把单椅，灵活可移动，方便使用。

L形：餐厅位于拐角处的，可以利用两面墙设置L形卡座，更加节省空间，美观程度也更高。

U形：想要座位再多点的，可以尝试U形卡座，即设置三面卡座，但相比其他布局更占空间。

6. 餐厨合一型收纳

对于小家来说，最缺的就是空间，餐厨一体式的设计再适合不过。两个空间合并之后，少了隔断，增加了视觉范围，同时餐厅的收纳空间也会增多。但餐厅毕竟是就餐空间，要尽量使其舒适、洁净和温馨。最好使用到顶的整体橱柜，这样不仅可以大幅度增加房间的使用面积，而且可以将厨房中众多的用品收入其中，使整个房间变得整洁而干净。

卧室装修如何静音？3大窍门摆脱噪声干扰

第四章
卧室实用设计

卧室的设计要更多地体现实用的特点，其本身对氛围的要求限制我们不能用太多华丽的设计分散人的注意，重点在于创造静谧的休憩环境。但对于小卧室而言，除了静谧氛围的营造外，还要考虑收纳功能的融入。

空间布局：

小卧室的 3 种理想布局

　　卧室中最基本的家具为床和衣柜，一些面积稍大的卧室中还会摆放书桌或者化妆桌。如何安置这些家具，决定了卧室的格局。其实妥善地摆放这些家具，令它们各司其职，发挥功用，可是一项技术活。稍有不慎，致使它们的摆放出差错，那么很遗憾，想要打造一个舒适空间的美梦可就泡汤了。

　　要想合理安置卧室中的家具，我们需要了解它们的尺寸以及周边预留尺寸。只有每个家具周边都有足够的行动空间，它们才可以和谐地共处一室。

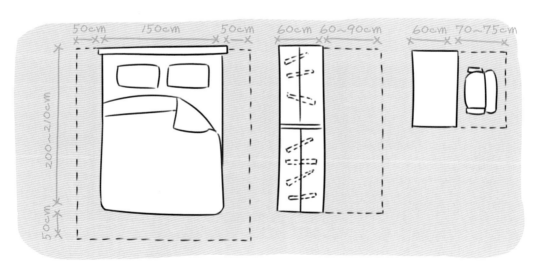

▲ 家具的实体尺寸与周边预留尺寸

在具体讲解之前，我们先来看一下不同形式卧室中较常见的家具摆放形式。

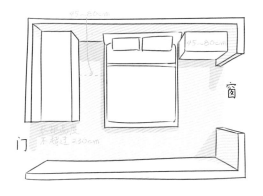

横向卧室布置要点

◎ 床头不要对窗，衣柜宜摆放在有门的一侧。

◎ 梳妆台最好摆放在靠窗的一侧并以不遮挡光线为宜。

竖向卧室布置要点

◎衣柜与床的摆放方式与横向空间相同。

◎摆放床时需注意不要直接对门。

正方形卧室布置要点

◎ 若空间较大，可将衣柜摆放在床的正前方。

◎ 可以利用零碎空间摆放床头柜，以增加收纳空间。

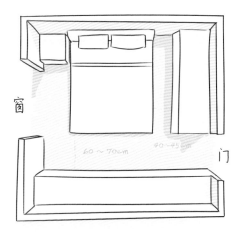

家具选择：

空间再小也要保证舒适

　　卧室的家具不外乎床、衣柜或梳妆台的选择，在选择时不光要考虑尺寸的问题，也要考虑样式、材质是否与卧室氛围匹配。

1. 床——卧室中的核心家具

　　在卧室中拥有一张舒适的大床，无疑是很多朋友的梦想。卧室床可选择的范围广泛，但一定要与整体空间的风格相协调。另外，只要把床的位置找好，其他家具的布置就很轻松了。

（1）常见床的尺寸

我们经常说"1.2m""1.5m"的床，实际上指的是床的宽度，至于床的长度，一般为2m，也有1.8m、1.9m等的尺寸。不同大小的卧室，对床的尺寸需求也不同。下面，就来看看你家的卧室适合多大的床吧。

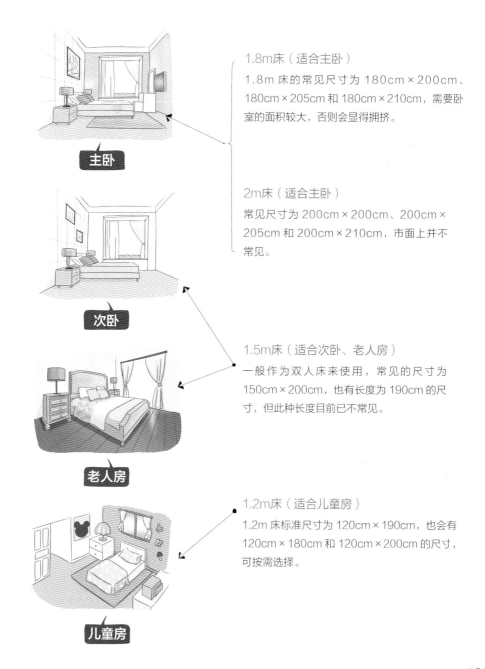

1.8m床（适合主卧）

1.8m 床的常见尺寸为 180cm×200cm、180cm×205cm 和 180cm×210cm，需要卧室的面积较大，否则会显得拥挤。

2m床（适合主卧）

常见尺寸为 200cm×200cm、200cm×205cm 和 200cm×210cm，市面上并不常见。

1.5m床（适合次卧、老人房）

一般作为双人床来使用，常见的尺寸为150cm×200cm，也有长度为 190cm 的尺寸，但此种长度目前已不常见。

1.2m床（适合儿童房）

1.2m 床标准尺寸为 120cm×190cm，也会有120cm×180cm 和 120cm×200cm 的尺寸，可按需选择。

主卧

次卧

老人房

儿童房

（2）床的摆放形式

① 主卧、次卧、老人房

主卧、次卧和老人房中床的摆放，一定要注意留足行走的空间。

这些空间中的床最好不要一侧靠墙摆放，尤其是主卧和老人房。如果将双人床一侧紧靠着墙壁布置，睡在里侧的人上下床会十分不便。

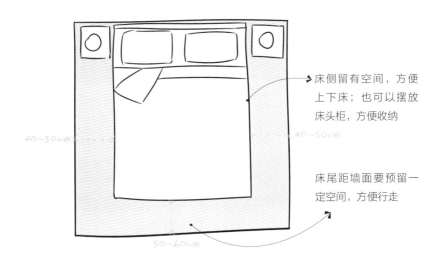

床侧留有空间，方便上下床；也可以摆放床头柜，方便收纳

床尾距墙面要预留一定空间，方便行走

支招！

床的摆放要注意两个关键点。

① 要注重隐私性

在之前所讲的内容中，我们了解到，床头是不适合靠近窗户的（避免冷风吹头）。另外，也不能离门太近，床头对门会影响居住的私密性，开门时被人一览无遗，令居住者没有安全感，影响休息质量。

② 空调对床的摆放也有一定影响

床在摆放时，要注意空调的出风口不要对着头部或脚部，因为空调直吹易引起中风、偏瘫、面部神经失调等病症。因此，空调最理想的位置是在床尾侧面。

装中央空调前，你需要了解这些

空调风在床尾侧面横向吹，这样从空调中出来的冷气不是直接对着人，凉气一般在屋里循环后才会被人感受到，会使人感觉比较舒适

② 儿童房

儿童房中若摆放单人床的话，非常适合一侧靠墙，可以节省出不少空间。另外，随着二孩家庭越来越多，很多儿童房中出现了类似于酒店标准间式的摆放方式。在摆放时，预留出足够的空间依然是重点。两张床之间至少要留出 50cm 的距离，方便两人行走。

儿童房这样装，孩子更聪明

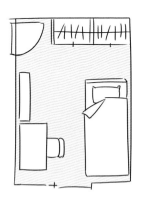

只在床的一侧预留出空间即可方便行走

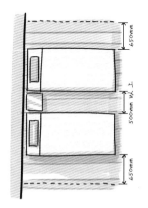

两张床之间至少要留出 50cm 的距离，方便两人行走

形态各异的高低床也是二孩家庭的首选，同样可以一侧贴墙摆放

▲ 双床摆放需预留空间

▲ 高低床适合靠墙摆放

（3）常见床的款式

天篷床

★ 适合吊顶较高的卧室。

★ 可以在上方边框垂挂装饰帘，既有装饰性，又能令居住者的睡眠环境更安静。

√ 基本款　□ 流行款

平台床

★ 没有床头板、床柱和装饰，床台较低。

★ 适合简单装修的居室。

★ 若卧室空间不大，最好选择床头与床垫齐平的床台。

√ 基本款　□ 流行款

床头板床

★ 传统床型，床头板的材质有木板、绒布＋木板等。

★ 床头板的面积最好超过 120cm × 150cm，以便撑住人躺靠的重量。

√ 基本款　□ 流行款

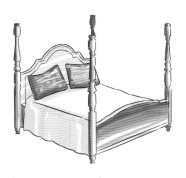

四柱床

★ 常见的风格有中式和欧式。

★ 床柱不要超过空间高度的 2/3。

★ 对小面积的卧室来说，四柱床的柱体要细。

√ 基本款　□ 流行款

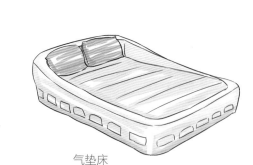

气垫床

★ 气垫床是一种可以注入空气的床垫。

★ 优点为价格低廉、收纳方便。

★ 缺点为易被尖物刺破，不适合儿童使用。

□ 基本款　√ 流行款

特别推荐：地台

"地台"原本是日式和室装修中常见的形式，常与榻榻米一起搭配使用。如今，也受到很多中国家庭的喜爱。

地台的优势。

◎ 地台中设有地箱，便于储放物品，可以增加居室中的收纳功能。

◎ 地台还比较适合在低龄儿童房中使用，平整且宽敞的空间适合孩子在上面爬行、玩耍。

◎ 地台最适用于小面积的卧室，可以在地台上设计一体式橱柜和写字桌，令空间的使用率得到提升。

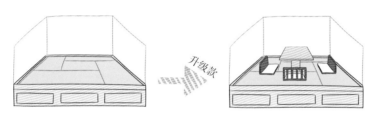

升级款

设计有升降桌的地台，实用功能
更强；但造价也相应提高，可视
实际情况选择

地台的高度说明

地台设计时最重要的是合理的高度和选材。

普通地台高度为 15~20cm 即可，如果空间高度许可，也可制作成 25~50cm 高的地台。另外，30cm 以上的地台较适合人体下肢弯曲后的高度，符合人体工程学。

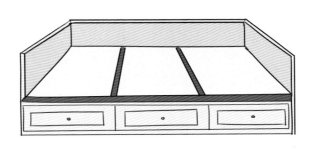

30cm 以下
只适合侧面做抽屉式储藏

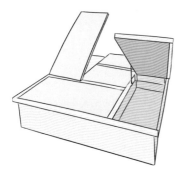

30~40cm
可做上翻式翻盖柜体

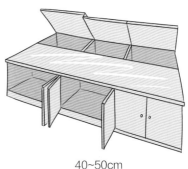

40~50cm
考虑做成上翻式和侧开式结合的柜体

地台的选材

不推荐！

杉木 → 虽然价格便宜，但握钉力差。

橡木 → 容易热胀冷缩且需刷清漆，不环保。

樟子松 → 价位较高、质地软、不耐划痕。

推荐！

实木颗粒板 → 握钉力好，稳定性强，翘曲变形小，不容易压弯。

生态板 → 环保，可循环利用，防水、防腐、防虫且具有阻燃性。

2. 衣柜——卧室收纳的好帮手

衣柜在卧室中的地位和床一样不容忽视，如果说床是保证居住者好眠的地方，那么对于没有衣帽间的家庭，卧室中的大衣柜则是保证空间面貌整洁的好帮手。

（1）常见衣柜的尺寸

衣柜既可以直接购买成品，也可以选择定制。两种形式关于尺寸的需求基本相同。

根据家居空间的大小，看看您家卧室适合购买哪种形式的衣柜吧（以下衣柜尺寸仅做参考，不同商家的产品略有差别）。

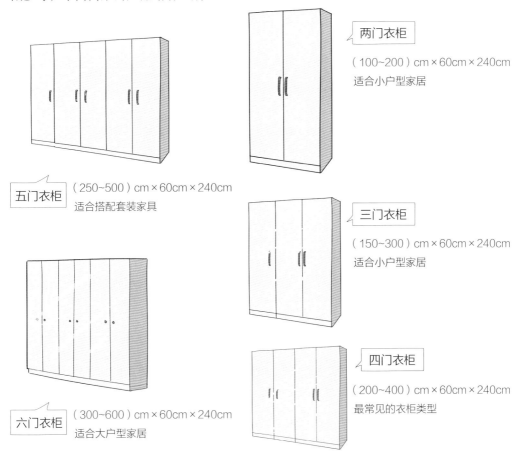

两门衣柜
（100~200）cm×60cm×240cm
适合小户型家居

五门衣柜
（250~500）cm×60cm×240cm
适合搭配套装家具

三门衣柜
（150~300）cm×60cm×240cm
适合小户型家居

四门衣柜
（200~400）cm×60cm×240cm
最常见的衣柜类型

六门衣柜
（300~600）cm×60cm×240cm
适合大户型家居

定制衣柜一般高度和住宅层高一样，在240cm左右；衣柜常见深度是60cm，去除柜门和柜体的层板厚度，净深基本能达到55cm；衣柜宽度按一个模块50~100cm算，有几扇门就有几个模块。

（2）衣柜的收纳区域规划

上方收纳区

◎被褥区

存放物品：既可存放换季不用的被子，也可存放过季衣物。

衣柜顶部，有利于防潮。

视线高度区

（安排在腰到眼睛之间，拿取方便）

◎叠放区

存放物品：毛衣、T恤、休闲裤等。设计为可调节的活动板层，便于根据需求改为其他区域，如挂放衣服增多后可安放挂衣杆改为上衣区。

◎长衣区

存放物品：风衣、羽绒服、连衣裙等长款衣服。

如使用人口较多，可适当加宽或设计多个长衣区。

◎上衣区

存放物品：西服、衬衫、外套等易起褶皱的上衣。

下方收纳区

◎抽屉（也可设计在视线高度区）

存放物品：内衣。

一般在上衣区下方设计三四个抽屉。

◎格子架

存放物品：领带。

里面有固定领带的夹子，无需太高空间。

◎裤架

存放物品：裤子。

悬挂裤子，不易起褶皱。

（3）衣柜的"气场尺寸"

衣柜与床之间的距离就是衣柜的"气场尺寸"。因为衣柜形状高大，因此不宜紧贴床摆放，可设置在床的旁边和对面。

衣柜的深度一般为 60cm，放取衣物时要为衣柜门或拉出的抽屉留出一定的空间。人在站立时拿取衣物大致需要 60cm 的空间，若是有抽屉的衣柜则最好预留出 90cm 的空间。

如果不想坐在床上更衣，衣柜和床之间最好预留出 70~90cm 的空间；而在老人房中，考虑到有时会照顾老人更衣，衣柜和床之间的距离最好为 110 ~ 120cm。

3. 梳妆台——女主人的喜爱空间

在卧室中摆放一个梳妆台是大多数女性朋友的梦想,可惜的是,如果卧室的面积偏小,这一愿望还真是不太好实现。因为,梳妆台同样需要"气场尺寸"。

梳妆台背后需要留出 70~75cm 的空间,才能够保证坐着化妆;而如果要从化妆椅背后通过,还需要加上 45~50cm 的通道空间。

除此之外,梳妆台的摆放还要注意以下两个要点。

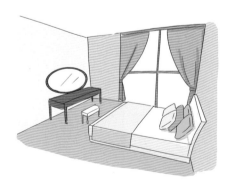

梳妆镜具有反射功能,如果晚上起夜,容易被镜中的影像吓到

容易造成反光,不仅使用不便,而且会影响睡眠

4. 工作台——临时的工作区

对于一些没有书房的家庭，如果卧室的空间许可，往往会考虑在此摆放一张书桌，作为临时的工作区。在摆放书桌时，最好将台面设置在远离床头的位置，避免夜间作业对睡眠区的影响。另外，和梳妆台的"气场尺寸"相同，书桌后同样需要预留出 70~75cm 的空间。

70~75cm

现在很多卧室中都设有飘窗，大多数朋友会将其当作一个阅读角或榻榻米使用。如果是有工作需求的朋友，则可以将飘窗设计成一个小型的工作区域。

在飘窗上加设带有空格的木质台面，就可以作为工作台使用，也具有了一定的储物能力。可以选用承重性能较好的板材来制作，同时可以满足坐在飘窗上晒太阳的需求。

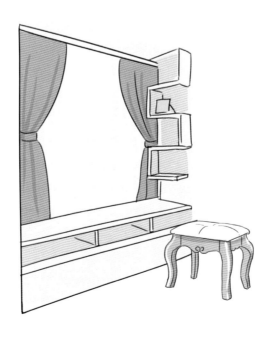

飘窗这样改，秒变小家最舒服的地方

灯光搭配：

适应多场景使用，一物两用

卧室是静息之所，在设计灯光照明时，一定要以营造宁静、温馨的环境为首要条件。

卧室照明关键点

由于卧室环境需要体现温馨的氛围，所以对环境光需求较低。

可以利用灯带作为轮廓光，照亮床头背后的墙壁。

既可以在床头柜上摆放台灯，也可以在墙壁上设计壁灯或在床脚的高度安装小夜灯作为焦点光。

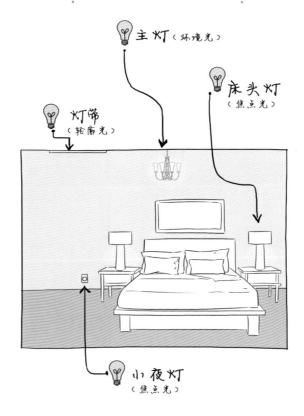

主灯（环境光）

床头灯
（焦点光）

灯带
（轮廓光）

小夜灯
（焦点光）

1. 卧室主灯

事实上，在卧室中可以不设主灯，而只由台灯、装饰灯、灯带等提供局部照明。这样的光线温柔，可以令人放松、催人入梦。若想安装主灯，则一定要将其安装在床尾上方的位置，因为人在躺卧时要避免光源的直射。

无论是主卧、次卧，还是老人房、儿童房，若选择主灯一定要规避造型复杂、奇特的灯具，因为这种灯容易给人带来压抑感。

2. 卧室感应小夜灯

半夜常起夜的朋友往往会遇到一个比较郁闷的情况，突然打开卧室灯，高亮度的灯光瞬间会将睡眼惺忪的你照得眼前一亮，顿时睡意全无。要想避免这种窘况，只需在空间中设计一个感应小夜灯即可。

当这种小夜灯感应到人的动作时，便会悄然亮起。微弱的灯光刚好照亮脚边的空间，又不至于过于刺眼。持续的时间为几十秒，之后自行熄灭，非常省电。小夜灯并非只适合装在卧室，可以在去卫生间的路途中加设 1~2 盏，十分实用。

3. 卧室床头灯

如果你有睡前阅读的习惯，可以在床的两侧或床头背景墙上增加辅助光源，最常见的就是在床头柜上摆放台灯。

也可以在背景墙上设计摇臂灯，这种灯非常节省空间，并且可以旋转。如果床的一侧为书桌，更是绝佳选择，因为摇臂灯的臂杆可移动，可以根据需求选择将其作为床头灯或书桌灯，两种功能合二为一，既省钱又时尚。

软装布置：

与卧室风格保持一致才最有完整感

卧室中的布艺织物有很多，比如窗帘、地毯、帷幔、床品等。这些物品不仅可以增添居室的美感，而且还具有吸收噪声的作用。但是，将如此多的物品搭配在一起，若想协调，并非易事。

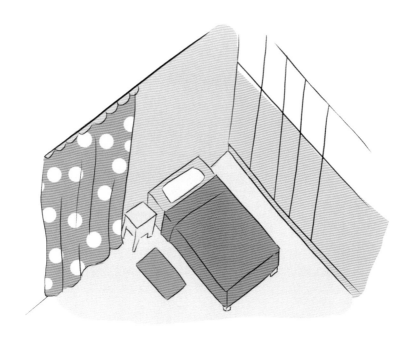

上面的图片之所以令人看起来头晕，主要是因为色调不和谐。

我们在前面讲过，卧室的配色最好以温馨为主且不宜过多。当确定了主空间中墙、地、顶的色彩之后，色彩面积最大的就是床品了。作为空间中的中心色，床品的色彩决定了其他布艺的色彩选择。卧室中的布艺应选择同色系或临近色系，如床罩为素雅的中性色，那么，卧室中的其他织物应尽可能用浅色调，如米黄色、咖啡色等，并且全部织物最好为同一种图案。

1. 床品

◎床上用品每天都要与肌肤亲密接触，因此要注重舒适度，舒适度主要取决于采用的面料。

◎要选择密度高（即通常所说的支数或纱数高）的布料，密度越高，触感越柔软。

◎缩水率应该控制在 1 之内。

2. 窗帘

◎卧室窗帘以窗纱配布帘的双层面料组合为多，一来隔音，二来遮光效果好。也可以选择遮光布，良好的遮光效果可以营造绝佳的睡眠环境。

◎百叶帘通风、透光、透气，开合自由，也比较适合卧室。

双层窗帘

百叶帘

3. 地毯

◎地毯一般放在卧室门口或是床边，以小尺寸的地毯或脚垫为佳。

◎尽量选择天然材质的地毯，脚感好，不产生静电，更能体现高品质的生活（天然材质地毯的耐磨度不如化纤地毯，但卧室不同于客厅、玄关等使用频繁的空间，因此对耐磨度需求不是很高）。

拓展
收纳扩容

卧室收纳：

小卧室收纳除了不杂乱还要使用便捷

卧室是放松身心的地方，因此整洁、舒适是其主要的要求。在收纳方面要做到不杂乱，物品使用起来要便捷。在卧室中放置的往往是较大的衣柜和床组。如何充分利用有限的空间，令小卧室放置更多的物品，是业主需要考虑的主要问题。

1. 床头空间

卧室的床头空间是增加收纳的好选择，可以制作柜体，作为卧室背景墙，既不会占用地面面积，也可以省出不少空间。另外，内部可以设置多层搁板来实现密集收纳。如果搁板的进深小，最好选择同一尺寸的物品存放，让利用率最大化；如果进深大则可根据实际需要随意调整，以满足更多收纳的需求。

2. 带有收纳功能的卧室飘窗

带有飘窗的卧室，可以在飘窗底部做收纳柜，以扩大其收纳功能；如果不想设计成掀盖的模式，也可以直接在底部预留空间，直接放置收纳箱，可使收纳空间加大，也更方便物品的存取。

3.衣柜+书桌一体化

可以将衣柜与书桌进行一体化设计，将书桌空间往上延伸，可利用搁板解决零碎物品的收纳和陈列问题。不仅节省空间，而且整体性强，但需要根据不同户型进行定制。

4. 利用床进行收纳

选择一个底部具有收纳功能的床，可以大大增加空间的收纳功能，将不常用的床品、衣物等放置于床箱中，十分便捷。即使没有选择带储物功能的床也没有关系，一些高度适宜的储物篮、筐和纸箱能很好地隐藏于床下，而且取用方便。这样的收纳手法既简单又十分灵巧，既节省了空间又便于主人放置小物品。

5. 利用床头柜进行收纳

床头柜是卧室中较为常见的收纳家具，尽量选择可增加收纳空间的抽屉柜，这样就为小杂物找到了归属地。如果不喜欢传统形式的床头柜，可以选择一款有趣且格局分明的收纳柜。床头柜上还可以放置台灯等物品。

6. 大型衣柜

　　大型衣柜是卧室收纳的首选,可以将衣柜上层做成不同高度的隔层,这样就能够方便地将换季的衣物随手放上去。衣柜收纳可以选用适合不同种类衣物使用的收纳配件,如使用挂衣杆、拉篮、储物盒、储物筐、储物袋来分别放置不同的衣物。衣柜的深度一般为 60cm,放取衣物时要为衣柜门或拉出的抽屉留出一定的空间。人在站立拿取衣物时大致需要 60cm 的空间,若有抽屉的衣柜则最好预留出 90cm 的空间。

　　衣柜通常分为被褥区、叠放区、上衣区、长衣区、抽屉等几个部分,每一部分的尺寸都有相应的要求,记住这些尺寸,不仅可以为选购和定制做参考,还有助于了解衣柜的收纳常识。

7. 衣帽间

拥有独立衣帽间是很多人的梦想，但是在寸土寸金的城市中，衣帽间成了被舍弃的"奢侈品"。其实衣帽间的实际占用面积并不是很大，如果细心观察，灵活运用，家里总会有一个地方可以满足你对衣帽间的需求。

（1）拐角衣帽间

可以充分利用房间的拐角处打造衣帽间，拐角处相对而言不占用空间。但是在定制内嵌的衣柜时，也要注意衣柜的分区，上层一般用来收纳被子或不常用的衣物，下层用来收纳常穿的衣物。

（2）阳台衣帽间

如果阳台够大或者家里有两个阳台，就可以在阳台位置打造一个衣帽间。如果担心采光问题，建议采取一半模式，即利用阳台的一半进行改造，或者是靠近某一侧墙面改造阳台，这样既不用担心光线问题，也不会影响阳台本身晾晒衣物的功能。

（3）楼梯衣帽间

如果居室是小型的阁楼户型，可以尝试在楼梯正下方的位置进行衣帽间改造。相对而言，踏步较宽的楼梯较为合适，只需要简单地将楼梯以下的位置加以完善即可。

厨房装修 3 大关键问题　　全厨银卫，厨房装修为什么不能省

第五章
厨房实用设计

面对面积不够大的厨房，首先要考虑的就是布局，在有限的空间里规划出最符合生活习惯的布局才是厨房设计的重点。

空间布局：

L 形和 U 形厨房布局很实用

百变厨房，究竟哪
种更适合你家

"宽敞的开放式厨房"这一美好愿望，存在于很多家庭主妇心中，但中国人惯有的"炸""炒"等烹饪习惯，导致开放式厨房成为一个梦想——当然，如果你少做三餐，或者不怕"腾云驾雾"的"飘飘欲仙"感，那就另当别论了。打消了开放式厨房的"超越现实的理想"，我们来看看现实中的厨房是什么模样的。

事实上，在中国的大多数家庭中，封闭式厨房依旧是主流，且平均面积只有 4 ～ 7m²。而在这小小的空间中，要存放各种各样的小电器（微波炉、电烤箱、电饭煲等）、烹饪用到的花样百出的锅（炒菜锅、高压锅、蒸锅等），以及调味品、刀具、碗盘等不胜枚举的小物件。

现实就是如此的残酷，但我们要在"夹缝中求生存"，找出使用率最高的厨房设计方式。

1. 厨房的 5 种格局

厨房布局通常有以下 5 种形式。

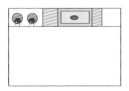

一字形

优点：结构简单明了，适合小户型家庭，节省空间面积。

局限：通常需要空间面积 7m² 以上，长度 2m 以上，使用方便快捷。

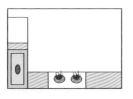

L 形

优点：可以将设备依据烹调顺序置于 L 形的两条轴线上。

局限：厨房的两面最好长度适宜，且至少需要 1.5m 的长度。

U 形

优点：可以形成良好的三角形厨房动线。

局限：空间面积需 ≥ 4.6m²，两侧墙壁之间的净空宽度在 220cm 以上。

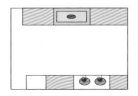

走廊型

优点：清洁区、配菜区在一边，烹调区在另一边，分工明确。

局限：一般在狭长形的空间中出现，使用率较低。

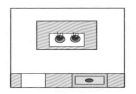

岛型

优点：空间开阔，中间设置的岛台具备更多的使用功能。

局限：需要的空间面积较大，属于较高级别的装修配置。

2. 找出适宜的厨房格局

通过对比厨房的 5 种格局，我们不难发现，前 4 种格局中如果厨房空间的面积相同，U 形厨房是使用率较高的布置方式；一字形厨房和走廊型厨房使用率相对较低；L 形厨房对空间开门方向的要求比 U 形厨房要宽泛，因此适用面更广泛。岛型格局使用率非常高，且功能强大，但是对空间面积要求较高，和开放式厨房一样，在中国的大部分家庭中都是可望而不可及的。

经过分析、比较可见，在中国式的厨房中，最为适用的两种格局为 L 形和 U 形。

下面，我们来进一步分析，不同的厨房空间，究竟该选择 L 形格局，还是 U 形格局。

U 形和 L 形相比，其核心优势为节省面积。

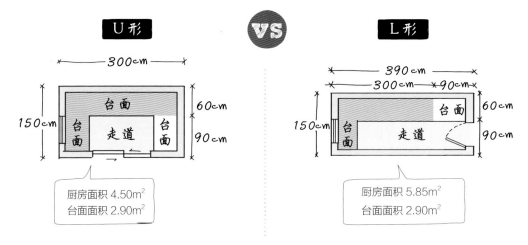

厨房的台面面积完全相等，厨房面积却差了 30%。U 形和 L 形相比，其劣势在于干扰因素较多。

总结得出，如果厨房门开启处合理，那就毫不犹豫地选择 U 形厨房，如果受限制，那就考虑 L 形厨房。

3.动线流畅，烹饪时光变轻松

厨房中的动线是否流畅，直接关系到主妇烹饪时的心情。试想一下，如果主妇在烹制晚餐之际，从冰箱中拿出了鱼，穿过切菜区、灶台区，跑到清洗区清洗完毕之后，又得折回切菜区去切制……如此跑来跑去、手忙脚乱的"煮妇"生活，听着就觉得"煎熬"了吧。

别急，事实上，只要了解做饭的顺序，就能将厨房动线规划得井然有序。

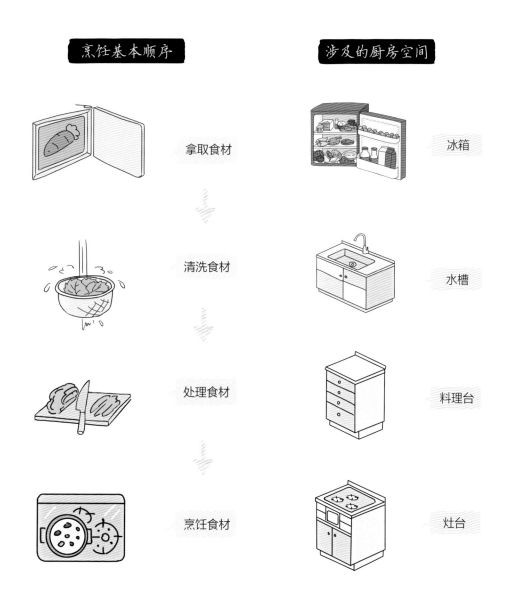

烹饪基本顺序 　　　　涉及的厨房空间

拿取食材　　　　冰箱

清洗食材　　　　水槽

处理食材　　　　料理台

烹饪食材　　　　灶台

了解了烹制菜肴的基本顺序，下面来做个测试，看看你是否已领悟到厨房动线设计的诀窍。

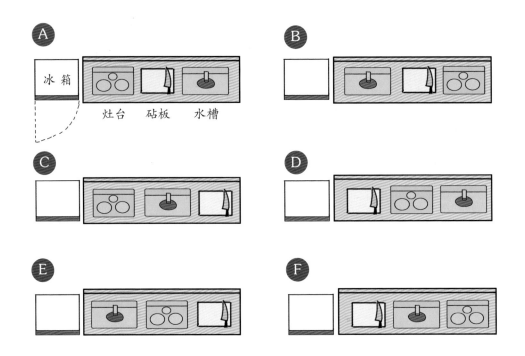

在这个一字形的厨房中，你选择的布置方式是哪一种？如果你的答案为 B，那么恭喜你，已经成功领悟到了厨房动线的布置方法。

在上面的 6 个选项中，仔细观察可以看出，只有 B 的动线顺序为冰箱（拿取）→水槽（清洗）→砧板（切菜）→灶台（烹饪），厨房动线顺畅，而其他的 5 个选项，皆存在动线穿插的现象，影响烹饪的效率。

了解了一字形厨房的动线设计，下面我们一起来看看其他几种格局的厨房动线，可以怎样来设计吧。

 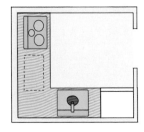 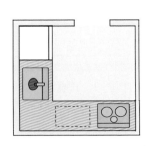

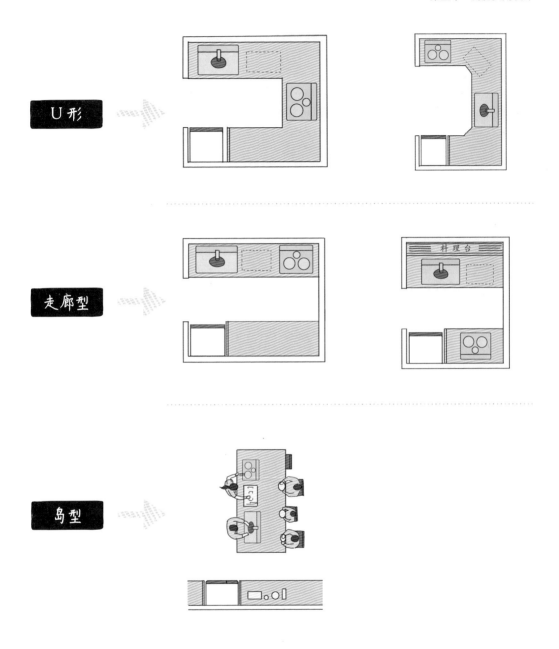

4. 不要拥挤，"我们"需要专有"空地"

在厨房中，除了动线合理能够带来便捷的烹饪时光外，每个工作区域的台面面积也需要进行合理规划，才能令烹饪工作变得更顺手和顺心。

厨房工作台面，需要考虑使用面积的区域主要包括：备餐区、盛盘区、沥水区。

盛盘区　灶台区　备餐区　水槽区　沥水区

每个区域都有独立的使用空地，使烹饪井然有序，一气呵成

盛盘区、备餐区、沥水区统一在一个区域

有些业主认为把这些小区域合并成大区域使用起来更方便，殊不知这样的做法适得其反，最终会导致做菜时手忙脚乱

下面，我们一起来看看这些区域，究竟该预留多大的宽度才合适。

备餐区：放砧板、菜刀，以及切菜的区域称为备餐区。需要在这里完成的工作最多，摆放的东西也最多。

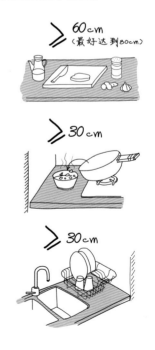

≥60cm
（最好达到80cm）

≥30cm

盛盘区：从灶台到墙边的位置称为盛盘区。在这里预留适当面积的好处是可提前在此放好盘子，炒完菜装盘，十分便捷。

≥30cm

沥水区：从水槽到墙边的空间称为沥水区。在这里预留适当面积，可以搁置沥水架，洗完碗盘，在此控水，干净卫生。

如果家中的厨房面积较小，三者面积不能做到皆符合最佳，那么应优先确保备餐区的面积。

家具选择：

利用橱柜最大程度占满角落

厨房的家具选择一定要提前规划好尺寸和布局，这样才能保证充分利用到每一个角落，不会造成空间的浪费。

橱柜是厨房中的大件，也是厨房中当仁不让的主角，占厨房预算的较高比例，如果不想让辛苦赚来的"真金白银"莫名其妙地打了水漂，那么，你一定要擦亮眼睛，好好学习这一部分的内容。

1. 认识橱柜

我们现在所说的橱柜，实际上泛指"整体橱柜"，其特点是将橱柜与操作台以及厨房电器和各种功能部件有机地结合在一起，并按照业主家中的厨房结构、面积以及家庭成员的个性化需求，通过整体设计、整体配置、整体施工，最后形成成套产品，实现厨房工作每一道操作程序的整体协调，并营造出良好的家庭氛围以及浓厚的生活气息。

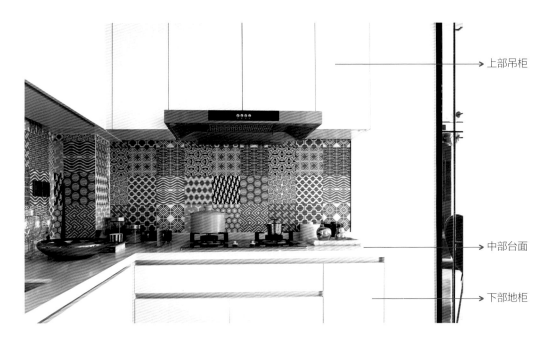

上部吊柜

中部台面

下部地柜

2. 橱柜的订购时间要提前

由于橱柜在厨房中处于关键地位，它的选购时间不容忽视。有别于家居空间中其他家具的进场时间（一般在家居空间全部装修完成后进场），橱柜在准备装修之前就要考虑定制或购买了。

因为一旦装修进驻就需要改水电，这时需要橱柜设计师根据橱柜的位置进行水电定位。例如哪些位置需要留电源，留多少插座比较合适，插座的高度是多少等。还有水管、煤气管，同样需要根据橱柜的位置进行改造。很多业主总在贴完砖后再定橱柜，等橱柜设计师上门设计时，往往会发现"水管超过了台面""水管露在橱柜外面""电源插座该留的没留"等问题。

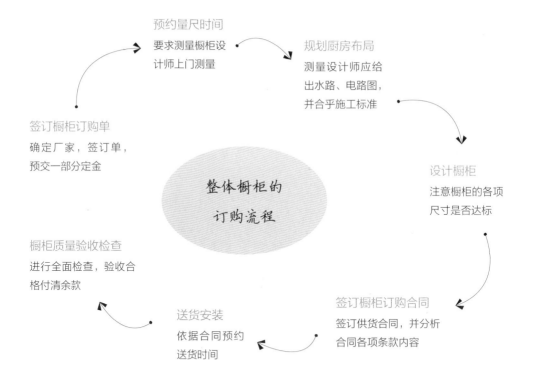

预约量尺时间
要求测量橱柜设计师上门测量

规划厨房布局
测量设计师应给出水路、电路图，并合乎施工标准

签订橱柜订购单
确定厂家，签订单，预交一部分定金

整体橱柜的订购流程

设计橱柜
注意橱柜的各项尺寸是否达标

橱柜质量验收检查
进行全面检查，验收合格付清余款

送货安装
依据合同预约送货时间

签订橱柜订购合同
签订供货合同，并分析合同各项条款内容

3. 橱柜关键数值需谨记

在进行橱柜定制测量时，以下的这些数值一定要心中有数，防止做出的橱柜不符合人体工程学，不仅使用起来难受，而且还浪费钱。

（1）从橱柜立面图看橱柜数据

图中②的距离一定要在给出的范围之间，否则容易碰头；图中③的距离也应重点关注，若高于这个高度，主妇很容易够不到吊柜里的物品；图中⑤的进深不宜过深，否则不便于拿取物品。

另外，图中①的高度，还可以根据主妇的身高来计算：

$$① = 身高（cm）/ 2+5cm$$

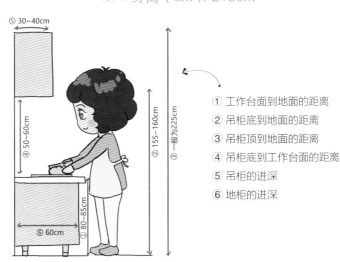

① 工作台面到地面的距离
② 吊柜底到地面的距离
③ 吊柜顶到地面的距离
④ 吊柜底到工作台面的距离
⑤ 吊柜的进深
⑥ 地柜的进深

（2）从橱柜平面图看橱柜数据

图中①的距离一般可以根据主妇的身高来做适当调整；图中②的距离之所以这样设计，好处为主妇在做饭时更容易看到锅里的情况，并且在炒菜时也更省力，但此项设计的工艺较复杂，因此花费较高，应根据实际情况选择是否要如此设计。

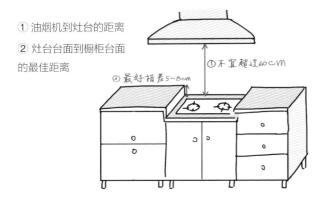

① 油烟机到灶台的距离
② 灶台台面到橱柜台面的最佳距离

4.橱柜"现形记"

作为厨房中的大宗家具，功能强大的橱柜，总给人带来一种很难"参悟"的高深印象。事实上，把橱柜进行"分解"，它瞬间就会变得十分"平易近人"。

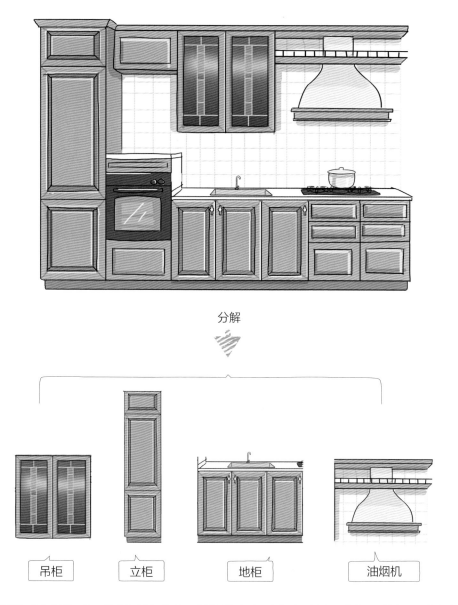

分解

| 吊柜 | 立柜 | 地柜 | 油烟机 |

把橱柜"分解"后，我们可以看到，橱柜其实主要分为吊柜、立柜、地柜和油烟机四部分。有一些家庭受限于空间面积，或为了节省预算，往往会把立柜舍弃。

地柜

地柜的组成相对于吊柜和立柜而言，较为复杂一些。但我们依然可以利用上述手法，对地柜进行"分解"，如此就可以轻而易举地得到地柜的组成方式。

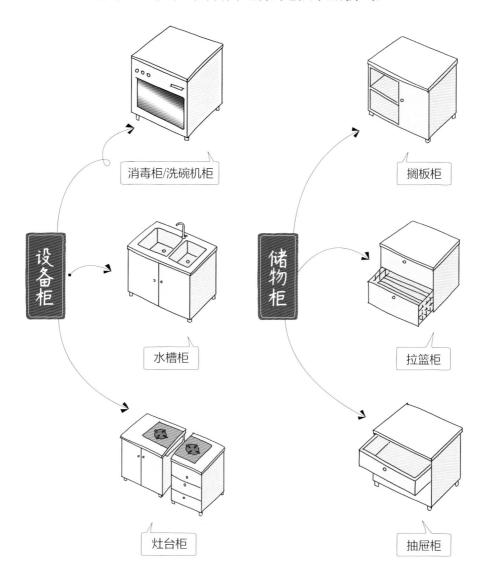

事实上，地柜主要包括设备柜和储物柜两部分。设备柜中，水槽柜和灶台柜是一定要有的，消毒柜则可根据实际情况进行取舍。储物柜中的搁板柜、抽屉柜和拉篮柜实际上是同一功能物品的不同表现形式，可以根据预算进行选择（搁板柜最便宜，拉篮柜居中，抽屉柜最贵）。

灯光搭配：

消除橱柜下阴影的灯光细节设计

　　小家厨房的灯光设计不同于其他空间，因为其功能性大于装饰性，并且灯光的布置位置一定要考虑背光的情况，减少阴影的产生。

　　厨房照明有别于餐厅照明，强调的是功能性，装饰性的灯具可以少用，甚至不用。

厨房照明关键点

厨房是整个家居空间中光线最亮的地方，需要设置较亮的环境光。

由于烹饪者操作时低头背对光线，容易产生阴影，因此要在料理台和水槽上方增加焦点光补充照明。

厨房如果设计灯带，一般用射灯，当然也可以不做设计，只需做好环境光和焦点光即可。

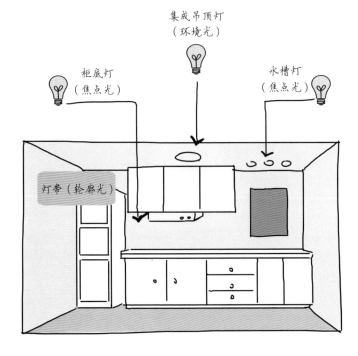

集成吊顶灯
（环境光）

柜底灯
（焦点光）

水槽灯
（焦点光）

灯带（轮廓光）

1. 厨房吸顶灯

一般家庭中的厨房，通常采用吸顶灯，这种灯价格适中，并且容易清洁、打理。

由于主灯一般位于吊顶正中间，而人在洗菜、切菜、烹饪、洗碗时，皆背对主灯，这时身体和吊柜的影子都落在操作台面上，工作区域反而很昏暗，这时就需要焦点光来作为辅助照明。

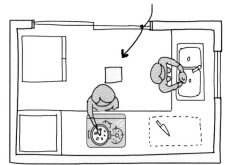

居中安装的主灯实际是在人背后，导致操作全部在阴影区

2. 厨房吊柜底灯

如上所讲，厨房主灯实际上很容易造成操作台上的阴影，因此在重要的操作工作区域，可以设计焦点光，如在吊柜底部加设底灯。

吊柜底灯"加"或"不加"，对比如下图所示。

 只有环境光照射，操作台上的"阴影面积"可不小呢（一不小心很容易切到手）！

 在橱柜下面加设底灯，操作台面立刻变得光亮，挥舞菜刀切菜，也有了底气。

3. 厨房灯具宜防水

厨房最好选择防水、易清洁的灯具，并且密封性能要好，最佳选择为吸顶灯，因其样式简单，并且灯罩的形状大多比较规整，表面也相对平整，就算有油烟附在上面，清洁起来也很方便。而"花枝招展"的水晶吊灯还是留给客厅吧，厨房中真的不适合使用。

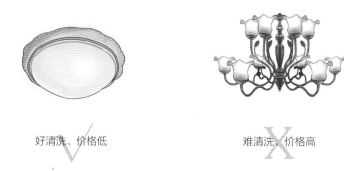

好清洗、价格低　　　　　　　　　难清洗、价格高

4. 灯泡最好为日光灯

厨房灯泡最好选择日光灯，如 LED 节能灯。其光量均匀，可以给人一种清爽的感觉；过暖或过冷的光线都会影响对食材的判断，一定要舍弃！另外，厨房光线宜亮不宜暗，因为做饭的过程中涉及很多繁杂工作，亮度较高的光线可以对眼睛起到较好的保护作用。

光线亮度高，带来良好的照明效果　　　　过暖的灯光会影响食材本色

拓展
收纳扩容

厨房收纳：

分区收纳零碎物品，看起来更整洁

厨房最大的收纳家具莫过于整体橱柜，整体橱柜具有强大的分门别类的收纳功能，能令厨房里零碎的东西各就其位，使厨房井然有序。在整体橱柜中，空间的储藏量主要由吊柜、立柜、地柜等来决定。另外，还可以在柜门的背面粘些挂钩，来存放不方便放在抽屉里的厨房用具或经常使用的物品。整体橱柜中可以进行收纳的空间包括：吊柜、地柜、立柜、橱柜台面、墙面。

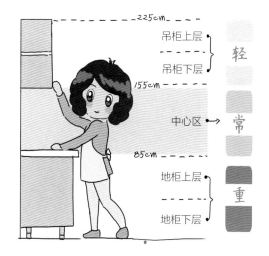

→ 上部吊柜

→ 中部吊柜

→ 下部地柜

1.吊柜收纳

　　吊柜位于整体橱柜的最上层，这使得上层空间得到了完全的利用。由于吊柜比较高，不便拿取物品，因此应在此放置一些长期不用的东西。一般可以将重量相对较轻的碗碟和锅具或者其他易碎的物品放在此处，易碎的物品放在高处也不用怕伤到孩子。为了保证存取物品的方便，又不易碰到头，吊柜和工作台面的距离以 50cm 为宜，宽度以 30cm 为宜。

"轻"物 ⟶ 杂粮、零食、营养品、干货

易碎品 ⟶ 酒类、杯具

使用频率低 ⟶ 备用物品

2. 立柜收纳

一般立柜的体积较大，所以它的收纳功能相对来说也比较强大，也可以把立柜和冰箱、微波炉等电器结合设计，这样既可以节约空间，又能使厨房显得整齐、利落。而且立柜中都设有通体筐，可以看成是高度较高的收纳篮子，这些篮子和橱柜一般高，可以将物品分类储存，避免杂乱。

3. 地柜收纳

地柜位于橱柜的最底层，多放置质量较重的锅具或厨具等不便放于吊柜里的物品。另外，地柜中诸如水槽和灶台下面的空间要特别注意防水。地柜的组成，相对于吊柜和立柜而言，要较为复杂一些。

4. 岛台收纳

　　厨房中设置一个具有强大收纳功能的岛台，可以为生活提供许多便利。可以将其下方分为多个隔层，在其中放上些烹饪图书，既能在烹饪时随意翻看，又能做展示之用。如果是带有抽屉的岛台，则能放置一些小东西。如果岛台拥有宽大的台面，也能为平时的烹饪提供便利，使碗、盘等物可以有足够的空间进行摆放。

5. 挂钩、挂杆收纳

　　厨房中的炊事用品，如铲子、漏勺等用具，可以挂在墙面上。例如，可在墙上安置一些 S 形挂钩，这样的做法既简单，又合理地利用了空间，同时也方便拿取用具，可谓一举多得。另外，像抹布之类的清洁用具，则可以利用挂杆来悬挂，这样就能避免因为潮湿而引起的异味。

第六章

卫生间实用设计

对于功能较多的卫生间，在设计时注重的是实用性和便利性，对于面积较小的卫生间而言更是如此，因为面积有限，所以更要安排好家具设备的布置，还要注意搭配合适的灯光和收纳设计。

空间布局：

干湿分离提高小卫生间的使用率

对于小家来说，卫生间一般只有一个，那么在布局时就要考虑多人同时使用的问题。为了缓解这个问题，小面积的卫生间可以考虑干湿分离的布局形式，在不浪费空间的同时提高卫生间的使用率。

提起卫生间格局，关注住宅建筑的朋友，一定对日式分离式卫生间心仪不已。日式卫生间格局通常为四分离式或三分离式，由于各个空间的分区明确，因此使用起来十分便捷。

所谓的四分离式是将沐浴、如厕、洗漱、洗衣4个功能完全分离，形成4个区域。4个区域各自独立，可供人同时使用，大大提高了卫生间的使用效率。

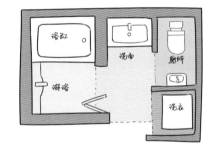

而三分离式实际上就是在四分离式的基础上保留沐浴、如厕、洗漱的功能分区，减去洗衣功能（将洗衣机放到阳台单独操作），或者是将洗衣机并入其他的功能区内。

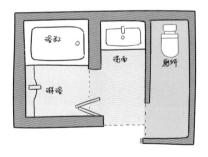

四分离式和三分离式卫生间看起来舒畅而实用，但却有一个刚性需求——面积要大，其中四分离式卫生间至少需要 $8m^2$ 的占地面积。

由于中国家庭的卫生间面积大多在 $4.5m^2$ 左右，因此日式的四分离式和三分离式卫生间显然并不适用。那么，究竟什么样的卫生间布局是符合我国国情的呢？解答这一问题之前，我们先看看日式卫生间中都包括哪些功能。

通过研究日式格局，我们发现卫生间功能大致如下。

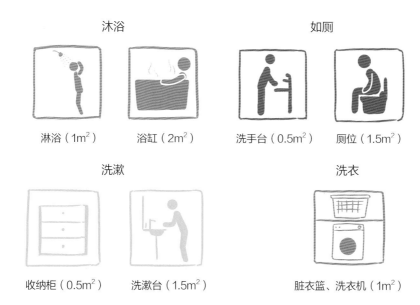

接下来我们将这些功能按照传统的使用习惯，再进行进一步区分。

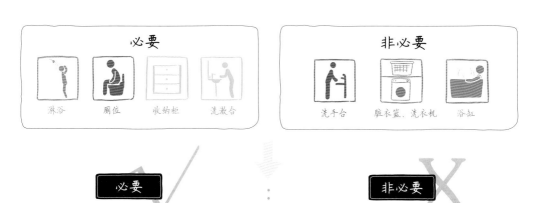

① 洗漱区：包括洗漱台和收纳柜，这里是每天洁面、洗手的场所。

② 如厕区：主要用具——坐便器。

③ 沐浴区：卫生间中可以没有浴缸，但不能没有淋浴区，关键看如何设计。

① 洗手台：日式家居中，一般会在如厕区单独设计一个洗手台，但在中国家居中，只需一个洗面盆即可。

② 洗衣区：在中国的家庭中，洗衣机并非需要特定放在卫生间中，可以根据空间情况，放置在阳台、厨房等处。

③ 浴缸：虽说浴缸是喜爱泡澡的朋友的心头好，但由于空间受限，浴缸并非是卫生间中的必需品。

相对于日式的四分离式和三分离式，较适合我国国情的卫生间布局方式为二分离式，即我们常说的"干湿分离"。

干湿分离：洗漱区与如厕区、沐浴区分离，或者沐浴区与如厕区、洗漱区分离；这里的"干"是指洗漱区，"湿"是指沐浴区。

优点

◎ 安全，避免水花四溅和地板积水，减小滑倒的可能性。

◎ 增加卫生间使用率，在洗澡的同时，其他家庭成员可利用干区。

◎ 能够保持浴室之外的空间干燥卫生，防止滋生细菌，避免柜子（木质）被腐蚀。

1. 干湿分离的形式

卫生间"干湿分离"的形式并非是单一的，可以根据空间的大小来选择。首先，了解您家卫生间的面积，然后对号入座。

卫生间这样干湿分离，小空间也不将就

（1）小卫生间（2.5~3m²）

由于面积的限制，小卫生间选择使用浴帘做干湿分离时应注意：由于浴帘只能遮挡洗澡时四溅的水花，下面还是会溢水，因此洗完澡后需要及时通风。

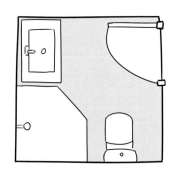

卫生间形态参考

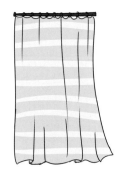

形式：浴帘杆+浴帘

（2）中等卫生间（3~4m²）

淋浴屏由沐浴房发展而来，但样式更简化。其样式多样，有一字形、方形、弧形、钻石形等，可根据空间形态特点选择。

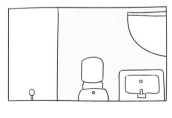

卫生间形态参考

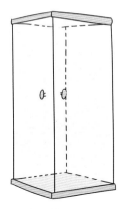

形式：淋浴屏

（3）大卫生间（约5m²）

如果卫生间的面积达到5m²，则可以将淋浴屏与浴缸并存，早上使用淋浴屏，简单、快捷；晚上使用浴缸泡澡，消除一天的疲惫。

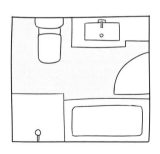

卫生间形态参考

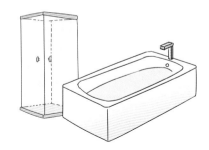

形式：淋浴屏+浴缸

支招！

如果您家的卫生间为长方形，且总长度不小于270cm，则可以将干区与湿区彻底区分开。这样的干湿分离最为科学，也是最符合干湿分离概念的设计形式，可将干湿分离的优点发挥到极致。

设计时需要注意干区最好选用收纳功能强大的沐浴柜，因为干区是家中的公共区域，应避免杂乱。

2. 卫生间三大区域 "和谐共处" 的条件

通过前面的讲解，我们了解到卫生间中不可或缺的三大区域为洗漱区、如厕区和沐浴区。这三大区域如果想要和谐共处，需要一定的空间尺寸。

这里的尺寸指的是贴完瓷砖后的净尺寸，如果为毛坯房，每边需增加 5cm。

了解了三大区域整体需要预留的尺寸，接下来我们来具体分析，每个区域在不同情况下所需的尺寸。

（1）洗漱区

洗漱区包括收纳柜、梳妆镜、洗手台，我们重点来看洗手台的尺寸。首先，洗手台的尺寸根据摆放形式而有所不同。

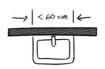

如果洗面盆只是背靠墙放，左右两侧都不靠墙，则洗面盆的尺寸可以小一些。

如果洗面盆放在墙角，背面和一个侧面靠墙，建议宽度不要小于 60cm，否则使用时侧面会挡胳膊。

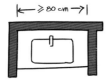

如果洗面盆两侧都靠墙，或另一侧是淋浴房，则洗面盆宽度不要小于 80cm，否则洗漱时的活动空间太小。

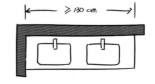

如果是大户型中用到的双面盆，宽度则不宜小于 130cm。

另外，洗漱区中还有几个尺寸需要注意。

洗面盆的深度不宜小于 45cm；洗面盆前的站立空间不能小于 50cm；在安装梳妆镜时，如果想要与人脸正对，135cm 这个高度刚刚好。

（2）如厕区

在如厕区占有核心地位的 "大件" 无疑是——坐便器。和洗漱区的思路一样，我们先来了解一下有关坐便器尺寸的问题。

坐便器的尺寸主要包含宽度、长度、高度和坐便器的排污口径。

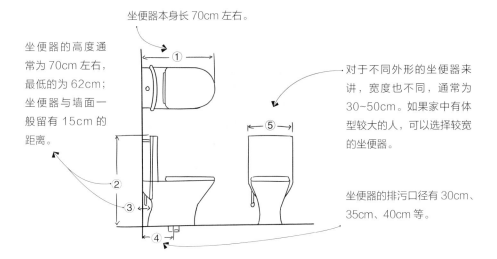

坐便器本身长 70cm 左右。

坐便器的高度通常为 70cm 左右，最低的为 62cm；坐便器与墙面一般留有 15cm 的距离。

对于不同外形的坐便器来讲，宽度也不同，通常为 30~50cm。如果家中有体型较大的人，可以选择较宽的坐便器。

坐便器的排污口径有 30cm、35cm、40cm 等。

另外，如果坐便器前方有墙体或其他设备，空间不宜小于 50cm；而坐便器的两边无论距离墙，还是距离洗手台，皆应预留出至少 20cm 的空间。

（3）沐浴区

沐浴区最常见的三种表现形式为花洒＋浴帘、淋浴房和浴缸。受面积限制的卫生间，只能忍痛放弃淋浴房及浴缸。那么，淋浴房和浴缸究竟需要多大的面积，才能在卫生间中出现呢？

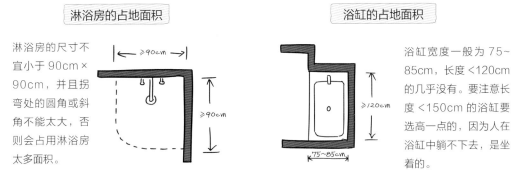

淋浴房的占地面积

淋浴房的尺寸不宜小于 90cm×90cm，并且拐弯处的圆角或斜角不能太大，否则会占用淋浴房太多面积。

浴缸的占地面积

浴缸宽度一般为 75~85cm，长度 <120cm 的几乎没有。要注意长度 <150cm 的浴缸要选高一点的，因为人在浴缸中躺不下去，是坐着的。

淋浴房、浴缸优劣势大比拼

	清洁方便	用水量少	舒适性高	造价低
淋浴房	√	√		√
浴缸			√	

家具选择：

选择不留死角的家具设备占满空间

卫生间涉及的家具设备较多，所以在选择时不光要关注质量的问题，还要考虑尺寸的问题，面对空间并不宽裕的卫生间，哪些家具和设备更适合使用，也是我们在选择前要考虑的。

1.洗面盆的种类

台上盆

优　　点：安装简单、风格多样。
缺　　点：容易溅水、难擦拭。
推荐指数：☆☆

台下盆

优　　点：整体外观整洁，容易打理。
缺　　点：常年使用易老化、渗水。
推荐指数：☆☆☆

一体式面盆

优　　点：防渗水、美观实用。
缺　　点：有些面盆需搭配收纳柜一起购买。
推荐指数：☆☆☆☆

立柱式面盆

优　　点：高度适中，便于打理、安装，价格实惠。
缺　　点：样式单一，几乎不能摆放物品，容易溅水。
推荐指数：☆

2. 坐便器

（1）虹吸式对比直冲式

我们常常听说虹吸式坐便器和直冲式坐便器，这两种坐便器实际上是按冲水原理来进行区分的。至于选择哪种坐便器主要取决于下通的管道，如果管道带有 U 形存水弯，那么两种坐便器都可以选择，如果没有 U 形存水弯，那么就只能选择虹吸式坐便器了，否则起不到防臭作用。

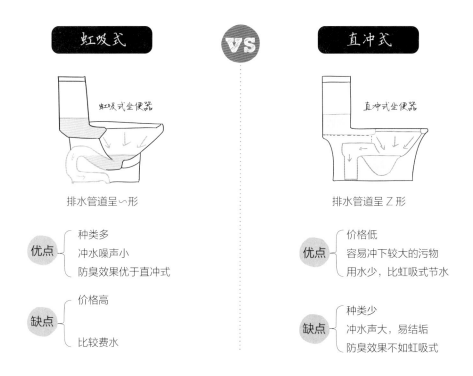

虹吸式坐便器又分为"旋涡式虹吸"和"喷射式虹吸"。

旋涡式虹吸：加大了虹吸作用的吸力，更利于将污物排出。

喷射式虹吸：噪声小，对污物有较长时间的回旋冲刷。

（2）连体式对比分体式

除了按冲水方式，坐便器还有一个常见的分类形式，即从外观来区分，可分为连体式和分体式。

连体式坐便器和分体式坐便器在外观上最直接的表现为水箱和便器是否分离。

若家里有老人和婴儿，最好不要使用分体式坐便器，因为半夜上厕所，会发出较大的噪声，影响到他们的睡眠。

连体式坐便器会比分体式坐便器高一些，如果家中的卫生间较小，建议选择分体式坐便器，相对比较节省空间。

连体式 VS 分体式

优点
造型现代
缝隙少，易清洁
虹吸式下水，冲水静音
不受坑距限制，小于房屋坑距即可

缺点
用水多，价格高

优点
价格大众化
水位高，冲力足
不易堵塞，厕纸可直接投入

缺点
冲落式下水，冲水噪声大
受坑距限制

3.淋浴房

相对于浴缸，淋浴房的性价比更高。淋浴房除了可以做很好的干湿分离，还能将水汽限制在淋浴房内，洗澡时升温快；洗完澡出淋浴房穿衣服比较干爽，没有满卫生间的水汽，衣服更好穿。

4种常见淋浴房（短边皆为90cm）的空间舒适度排序如下：

空间舒适度排序
越往右，所需面积越大，越舒适；越往左，内部空间越窄

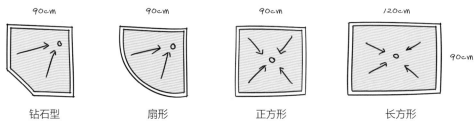

| 90cm | 90cm | 90cm | 120cm |
| 钻石型 | 扇形 | 正方形 | 长方形 |

淋浴房最好是装修前就设想好，这样能够把挡水条（淋浴房下面的石材基座和门槛）预裁出来。

淋浴房相关小常识

① **淋浴房应选哪种款式的门？**

常见的淋浴房门有移门和平开门，各有优劣势。

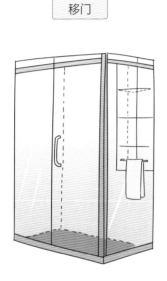

移门

优势：不占空间，适合卫生间较小的家庭。

劣势：滑轨凹槽容易积水、积灰，清洁起来较麻烦。

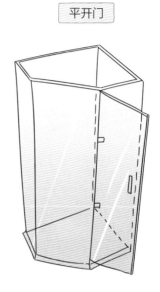

平开门

优势：开关方便不费力。

劣势：适合面积大的卫生间，对空间面积有一定要求。

② **淋浴房该如何选材？**

淋浴房必须选用"钢化玻璃"才安全，且要注意以下两点。

最小厚度：平开玻璃门钢化玻璃需 1cm 厚；无框推拉门需 0.8cm 厚；有框推拉门需 0.6cm 厚。

CCC 认证：淋浴房钢化玻璃必须有 CCC 认证（中国强制性产品认证）的图标，这是国家强制安全标准，印在玻璃内部。

灯光搭配：

镜前照明减少阴影产生，更显明亮

由于住宅格局的限制，许多朋友家的卫生间为暗浴，自然采光不足，因此必须借助人工光源来解决卫生间的照明问题。

卫生间照明关键点

卫生间需要较亮的环境光。

梳妆镜两侧应有灯具，避免顶灯灯光对脸部造成阴影；浴缸也可以采用灯带，营造均匀的光线，但应避免中央光源对眼睛的影响。

马桶顶部可增加阅读灯（部分人如厕时有阅读的习惯）。

吸顶灯（环境光）

壁灯（焦点光）

镜前灯（轮廓光）

1. 卫生间主灯 / 吸顶灯 / 筒灯组合

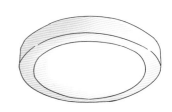

卫生间中的主灯如果选择单一灯具，吸顶灯最为常见，因其是最基本的单一功能主灯，既没有色彩的个性化体现，也没有营造氛围的功能，只起到普遍照明的作用，可以保证空间的亮度基本一致。当然，在开放式的卫生间中，也可以使用吊灯（款式不宜复杂，要方便擦拭）来营造特殊氛围，一盏吸睛的吊灯除了照明，还可以制造小情趣。

（1）位置

基础主灯一般在房间的居中位置，灯光的亮度可以根据空间的大小来配置。

（2）光源

最好选用冷光源的顶灯，一能避免阴影投射在脸上；二是冷光源较为明亮，方便清扫死角或寻找杂物。

支招！

除了设置一盏主灯外，还可以在洗面盆、坐便器、浴缸及花洒的顶位各安装一只筒灯，使每一处关键位置都能有足够的光照。

2. 卫生间镜前灯

卫生间照明的第二个关键点为梳妆镜的照明。一些对化妆有需求的女性朋友，常常对光线不足感到"心累"。

（1）基础版：顶灯

很多家庭的卫生间顶部只安装了一个顶灯，如果没有化妆需求的朋友，使用起来并无大碍。但对于有化妆需求的朋友来说，由于顶灯位于空间的中央，灯光从身后的高处照射过来，很容易造成脸部阴影。化妆者脸上黑乎乎一片，纵然是再昂贵的化妆品也无从下手。

（2）进阶版：顶灯 + 镜前灯（位于上部）

一些家庭为了增加光源，在梳妆镜的顶部安装了镜前灯。心想两灯呼应,这下化妆应该没问题了吧!事实上,并非如此。由于两盏灯均高于化妆者的头部,会在眉骨、鼻子等处留下阴影,依然会造成化妆无从下手的困扰。

(3)高阶版:顶灯+镜前灯(位于两侧)

通过观察卫生间基础版和进阶版的照明,我们发现,造成化妆时脸部阴影的主要问题在于:灯的位置高于人脸。

按照这个理论,首先想到的解决方法是根据人的身高调整镜前灯的安装位置。

随之问题来了,碍于梳妆镜的高度,镜前灯并非想降低就能降低的。除非你有着和梳妆镜匹配的身高。

我们可以换个思路,将镜前灯安装在梳妆镜的两侧,顶灯和镜前灯光线相辅相成,脸部阴影便随之消失。

灯光颜色以白色光为主,光源最好是三基色的灯管,最能还原色彩的真实效果,可以保证镜前灯的使用功能达到最佳。

(4)卫生间灯具相关小常识

① 卫生间灯具质量认证等级

卫生间灯具对安全等级要求较高,一般以产品质量认证中的 IP 代码(国际防护等级认证)来区分产品等级。

IP 代码由两个数字组成,第一个数字表示灯具防尘、防止外物侵入的等级。第二个数字表示灯具防湿气、防水侵入的密闭程度。数字越大,表示其防护等级越高。

② 安全！安全！安全！重要的事情说三遍

卫生间灯具防水十分必要，另外，所有人体能够触及的灯具，一定要避免有尖锐突出的边角。发热量巨大的裸露灯泡最好也不要选，因为人在浴室中衣物普遍穿得较少，有一定烫伤风险。

③ 卫生间照明的颜色

卫生间的灯光应选用高显色性的光源。

显色性：光源对物体颜色呈现的程度，也就是光照下颜色的逼真程度，显色性高的光源对颜色的再现效果较好，看到的颜色更真实。

④ 开关和插座

开关和插座虽然不大，但在卫生间中却处于"核心岗位"。

由于卫生间内比较潮湿，开关最好带有安全防护功能，接头和插销也不能暴露在外。

开关如为跷板式的，宜设于卫生间门外，否则应采用防潮防水型面板或使用绝缘绳操作的拉线开关，防止因潮湿漏电造成意外事故。

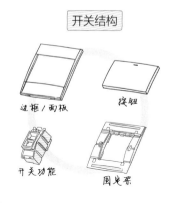

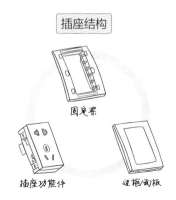

开关插座安排

开关	单联/多联开关要有2个，放于卫生间外，控制卫生间灯、排气扇； 多联开关1个，放于镜子旁，控制镜前灯、浴霸等
插座	带开关插座（五孔）1个，放在窗边，以备热水器、排气扇的需求； 带防溅盒插座（二孔/五孔）1个，放于梳妆镜前，用于电吹风等的需求； 带防溅盒插座（三孔）3个，视情况用于洗衣机、浴霸等的需求

卫生间收纳：

多利用墙面收纳解放小空间

　　卫生间中的常用物件非常多，浴巾、卫生纸、坐便器刷、洗面盆、各式化妆品……这些物品又小又零碎，如果收纳不佳，整个卫生间就像一个废品收购站，让人无从下手。若想要卫生间容易清理，且防止物品受潮，应尽量避免在卫生间低处放置物品。其中的技巧就是——想办法挂起来。

1. 利用家具进行悬挂收纳

（1）收纳柜

　　收纳柜是卫生间中最主要的收纳家具。如果是带有隔层的收纳柜，可以在上面的部分放置每天都要使用的肥皂、基础化妆品、牙刷、牙膏等，容易倒的物品可以装在盒子里；中间的部分如果有空间可以设置细长型的抽屉柜，用来存放化妆品、毛巾、内衣等物品；下面的部分可以摆放美发用品，洗发水、沐浴液等洗漱用品以及清洁用品。

（2）悬挂镜柜

　　卫生间中最常见的收纳家具就是收纳柜，但收纳柜需要蹲下来拿取物品，常用的洗漱用品并不适合放置在此。不妨设置一个挂墙式镜柜，将原本浴室柜面上的零碎物，借镜柜之力"挂起来"。挂墙式的镜柜安装随意，不占空间，又有很好的收纳功能。宽大的镜面更能增添视觉上的空间感，尤其适合面积不太大的浴室。镜柜中一般可以摆放洗面奶、爽肤水、电吹风等常用物品。

2. 利用搁架、搁台进行墙面收纳

（1）垛子打洞

有的小户型卫生间因为包管道和通风，会凭空多出一些颇占空间的垛子，虽然不能拆除，但完全可以"变废为宝"，比如在上面打几个尺寸一样的凹洞，这样洗浴用品就有了藏身之处。在凹洞处用不同材料进行设计，既美观，又扩大了储物空间，使用起来还很方便。

（2）多功能置物架

对于空间狭小的卫生间来说，利用好每一寸空间都是必须的。可以在需要的位置设置置物架。如多层的梯子置物架、不锈钢架等，可摆放沐浴用品或悬挂毛巾。而且置物架尺寸很好控制，可以量身定做，更适合在一些畸零的空间使用。

第七章

玄关实用设计

对于小家而言，玄关可能并没有一个独立的空间，它很可能与客厅相连，但这并不妨碍我们对玄关进行设计。除了风格、色彩和材料要与客厅呼应外，玄关的收纳设计也是非常重要的部分。

空间布局：

3 种常见小玄关布局

　　玄关的样子各种各样，但是最常见的小家玄关无外乎 3 种，所以在装修前好好了解家里玄关的类型，再进行装修，能够更好地利用空间。

　　小巧、玲珑的玄关，在格局、形态上并不单一，甚至可以说是多种多样，我们来看看不同的玄关格局，该如何展现"风姿"吧。

邻接式玄关	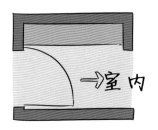	这种玄关一般与客厅或餐厅相连，没有较明显的独立区域，设计形式上较为多样，但要考虑与整体家居的风格保持统一
包含式玄关		这类玄关直接包含于客厅之中，只需稍加修饰即可，不宜过于复杂、花哨，抢了客厅的"风头"
隔断式玄关		利用镂空木格栅、珠线帘等作为隔断，区分玄关和其他空间，装饰效果较强

不同的玄关格局，呈现出的设计形态不同；接下来我们看看不一样的玄关尺寸，可以给玄关带来怎样的变化。

① 玄关最小尺寸

（151.5cm）

玄关即使再小，也要保证两人可以并行通过。

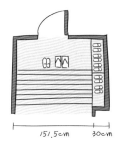

② 增加一个鞋柜

（151.5cm+30cm）

多了 30cm 等于多了一个鞋柜，实用功能增加。

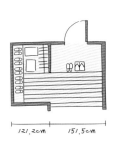

④ 换一种形式的表现

（151.5cm+121.2cm）

将鞋柜和收纳柜结合起来设计，仿佛在玄关处多出了一处衣帽间。

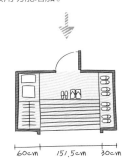

③ 增加一个收纳柜

（151.5cm+30cm+60cm）

增加 60cm 就可以设计收纳柜了，小玄关也拥有了强大的收纳功能。

通过增加玄关的尺寸，我们看到玄关的储物功能也随之增加。而鞋柜和收纳柜则是玄关中非常重要的收纳家具。

家具选择：

选择体积不大但收纳功能完备的家具

　　较小面积的玄关中可以选择的家具并不多，所以最好选择包含多种功能的家具，以此减少对空间的占用，同时又能够满足各种需求。

　　在玄关中，收纳柜会因为空间大小的限制而较少使用。但是，在大部分家庭中，鞋柜却是玄关中出镜频率最高的家具。原因非常简单，玄关必须具有进门或外出时换鞋的功能。

最常见的鞋柜形式　　　　也可以这样选

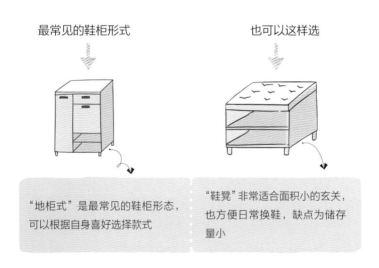

"地柜式"是最常见的鞋柜形态，可以根据自身喜好选择款式

"鞋凳"非常适合面积小的玄关，也方便日常换鞋，缺点为储存量小

　　除此之外，还可以选择定制鞋柜，或是鞋柜和收纳柜相结合，用以增加储物功能。

　　充分利用壁面空间，制作成通体式鞋柜，非常实用，也很便捷。

鞋柜内部尺寸

鞋柜内部的尺寸应注意高度和深度，而这两个尺寸主要依据鞋的长度和高度而定。

（1）确定深度

知道了女鞋和男鞋的长度，可以确定鞋柜的标准深度为 35cm（以男鞋为准），如果有条件，40cm 的最佳。

（2）确定高度

跟确定鞋柜深度不同的是，鞋柜的高度要以女鞋为基准，因为女性的高跟鞋较多。

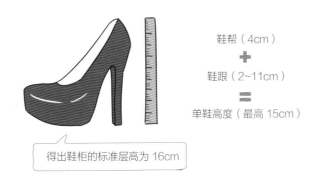

当然，女鞋还包括各种长靴、短靴，因此鞋柜的高度并非是定论。如有可能，最好选择可移动层板的鞋柜。

灯光搭配：

光影层次变化缓解狭小感

　　小家中的玄关面积一般不大，并且自然采光也很一般，所以玄关的灯光一定要能够照亮整个空间，但是也不能只调整亮度，可以根据早晚变化配备不同的灯光。

　　因为玄关没有自然采光，所以应该用足够的人工照明。

玄关照明关键点

玄关需要均匀的环境光，并避免只依靠一个光源提供照明，要具有层次。

可在空白墙壁上安装壁灯，既有装饰作用，又可照明。

暖色和冷色的灯光都可在玄关内使用。暖色制造温情，冷色会显得更加清爽。

在玄关柜的最底部嵌入地灯作为轮廓光，可以清楚地照亮地面。

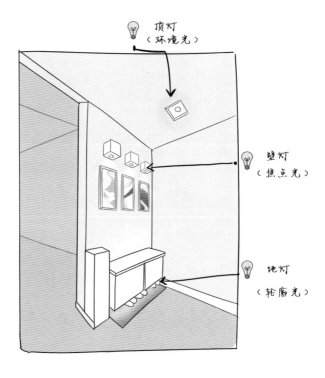

顶灯
（环境光）

壁灯
（焦点光）

地灯
（轮廓光）

玄关顶灯 + 地灯

除了在玄关顶部设计多盏射灯进行照明，最常见的玄关照明方式为，在吊顶中央安装一个装饰性的光源，如吊灯、吸顶灯等。但如果只安装一个光源，当主人站在门口招呼客人时，就会留下阴影，令人感到心理不适。另外，如果玄关照明不足以照亮吊顶，会使空间看起来比实际小，还容易使梁、饰板、装饰线条、壁画等美丽、精巧的装饰元素被忽略。

可以将鞋柜制作成悬空式，并在下方安装光源，增加整个玄关的亮度，同时能避免低矮处形成死角，而底部空间还可以作为鞋子的临时放置处。

玄关收纳：

定制柜最大程度利用空间

玄关虽然面积不大，但是也可以摆放装饰物，但最好选择有实用作用的装饰物，这样既能装饰空间又能有实际作用。

玄关连接室内与室外，虽然空间有限，却是每天外出和归家的小驿站，保障居室内部整洁和整理出门前的仪容仪表都少不了它。因此，将玄关处收纳得整齐清爽，把杂物隐藏起来，绝对是一门需要修炼的"绝技"。玄关最重要的收纳要诀就是要保证空间通畅，明亮的空间能够使人从进门起就拥有好心情，让人充分享受温馨舒适的家居环境。

玄关家具的体量不宜过大：一般来说，玄关的面积不大，然而其收纳功能却一点也不能少。想拥有完备的收纳功能，秘诀是摆放合适的家具。玄关家具的体量一般不宜过大，但要功能丰富，如可以利用小储物柜收纳常用的零碎小物件。

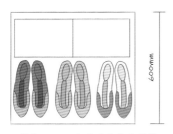

鞋在 600mm 柜体中的收纳形式

鞋柜的尺寸和形态应合理化：成品鞋柜柜体的净深一般为 330~380mm，加上薄的背板和门扇后，厚度为 350~400mm。若为定制玄关柜，则柜体的深度可达到 600mm，用这样的空间放鞋比较浪费，不妨采用深处放鞋盒、外侧放鞋的方式。鞋柜的长度可视空间大小以及所需收纳鞋子的种类、数量而定，通常 800mm 的长度可容纳 4 双女鞋或 3 双男鞋。以上数据可作为计算鞋柜收纳量的参考。另外，若考虑定制鞋柜，可将底部架空 250~300mm，放置经常更换的鞋子，并使人在站立换鞋时可以清楚地看到鞋子的种类。

▲ 玄关柜收纳设计

1 **高部柜格：** 可放置鞋盒，存放过季鞋

2 **左侧中高部柜格：** 可放置帽子、书包、手提袋等

3 **左侧中部大格：** 可放置大的背包、箱包等

4 **左侧中部扁格：** 放置当季鞋

5 **右侧中部高格：** 悬挂常穿的外套，并可根据需要放置整理箱

6 **台面：** 可摆放托盘，放置钥匙等常用小物品

7 **左低部大格：** 可放置长短靴等

8 **中低部横柜格：** 放置一些平时用于替换穿的鞋子

9 **下部架空区：** 可放置拖鞋、常穿的鞋，并设置照明灯管